葉っぱで見わけ 五感で楽しむ 樹木図鑑

監修 林 将之
編著 ネイチャー・プロ編集室

街や公園、野山を歩いていて、
見かけた木が何の木か
知りたいと思ったことがありませんか。
この本は、葉の形や生え方などの
シンプルな項目を確認するだけで、
樹木を見わけることができる図鑑です。
その樹木がどんな個性を
もっているかを知ることができ、
五感で楽しめる観察ポイントや、
つながっている生き物についても
紹介しています。

ナツメ社

本書について

本書は街路樹や公園、野山など身近で見られる代表的な樹木372種（うち葉の画像掲載種325種）を紹介し、葉の形、ふち、生え方などを確認することで、樹木を見わけることができる樹木図鑑です。樹木の種類がわかったら、特徴や名前の由来、つながっている生き物などを知り、五感で楽しみましょう。本書を散歩や自然観察、山歩きや旅行の供にし、ツリーウォッチングを楽しんでいただければ幸いです。

本書の見方、使い方

■ 樹木名と分類

一般に種名として使われる和名と、その樹木の個性を一言で表現した見出しを記し、その下に漢字名、学名、分類（科名・属名）、別名（ある場合）を記しました。最新の分類であるAPGⅢ分類体系に準拠しました。

■ 樹木のデータ

木の大きさ、高さ、花期（花が咲く時期）、果期（果実が熟す時期）、自生する地域を示しました。木の大きさは低木、小高木、高木の3つに分け、成木の一般的な高さを数値で示しました（つる性の木はつる性と表記しました）。花期と果期は関東の平地を基準にしています。

■ 葉の画像

葉を直接スキャニングし、リアルな質感を再現しています。見わけるポイントとなる葉の特徴や表裏、実際の大きさに対する比率を示しています。葉は可能な限り、原寸に近い大きさで掲載するよう心がけています。

■ 解説文

その樹木の特徴や、似ている樹木を掲載しているページを示して紹介し、見わけるポイントを解説しています。和名の由来や、材がどんな用途に使われるかなども紹介しています。

目次

- ■ 樹木観察のポイント ･････････････････････････････････ 4
- ■ 検索アイコンの説明（葉について）･･････････････････････ 6
- ■ 検索の方法 ･･ 9
- ■ 困ったときのお助けインデックス ･･･････････････････････ 10
- ■ 観察道具について ･･････････････････････････････････ 12
- ■ フィールドでの服装について ･･････････････････････････ 14
- ■ 解説本文 ･･････････････････････････････････････ 16〜309
- ■ Column「樹木と他の生き物のつながり」･････････････････ 310
- ■ 用語解説 ･･ 312
- ■ さくいん ･･･ 316

■ 検索アイコン

葉の形 ふちの形 落葉樹・常緑樹 葉の生え方 の4項目をアイコンで示しています。掲載している樹木はこの4項目でグループ分けしてあり、葉を確認することでグループを絞り込み、樹種（樹木の種類）を検索することができます（9ページ参照）。

■ 葉以外の要素

樹形、樹皮、花、果実など、その樹木の特徴を示す写真を掲載しています。葉で樹種を見わけたら、他の要素も確認し、答え合わせをして下さい。

■ つながっている生き物

自然界では、異なる生き物同士が相互に関わっています。鳥類や昆虫、動物など、その樹木と深く関わっている生き物について紹介しています。

■ 五感での楽しみ方

自然観察は触ったり、香りをかいだりして五感を使って観察するほうが楽しいものです。その樹木に五感で楽しめるポイントがある場合は紹介していますので、五感を使った観察を積極的に楽しんでみて下さい。

樹木観察のポイント

樹木のどんなところを、どういう流れで見たらよいか、フィールドで観察するときのポイントを解説します。

POINT 1 樹木の全体像を見よう

葉を見る前に、木全体を見ましょう。高さや樹形、樹皮の色、樹皮の模様、葉の生え方、葉の密度など、いくつもの要素が組み合わさって、その樹種の個性になっています。少し広い視点で樹木を見て、雰囲気や特徴をつかみます。　　　（例：タイサンボク→134ページ）

CHECK! 高木でまっすぐ伸びる樹形。

CHECK!
- 葉が枝先に集まって垂れずに生えている。
- 葉の表面の光沢が強い。

CHECK! 白くて大きな花が咲いている。

POINT 2 葉で見わけよう ➡ 9ページ[検索の方法]

本書を使って検索してみましょう

本書を使い、葉で検索して樹種を見わけてみましょう。9ページの検索の方法の要領で、 葉の形　ふちの形　落葉樹・常緑樹　葉の生え方 を確認し、その組み合わせのグループの樹種に絞り込んで下さい。絞り込んだら、そのグループ内で同じ特徴をもつ葉を探します。

❗ 葉には変異がありますので、同じ木の複数の場所の葉を確認しましょう。

POINT 3 葉以外の特徴を見よう

樹形や樹皮、花や果実などの特徴を観察しましょう。それぞれの樹木に個性があります。葉以外の特徴を見ることは、樹木を見わける上で大きな手がかりにもなります。

樹形 ← まっすぐ伸びる樹形（カツラ）

花 ← 白い花がたくさん咲いている（エゴノキ）

樹皮 黒い点が→ たくさん入る樹皮（キンモクセイ）

果実 カラフルな→ 果実がなっている（エノキ）

POINT 4 五感で楽しもう

五感を使って観察を楽しみましょう。そこには、たくさんの気づきと発見があります。
※有毒の実もあるので、確実に見わけられるもの以外は、むやみに口にしないようにしましょう。

- 食べてみよう：干し柿のような甘い味
- 見てみよう：葉の上が星空のように見えた
- 聴いてみよう：葉の音だけでなく美しい野鳥の声も聴こえた
- 触ってみよう：ビロードのようななめらかな手触り
- かいでみよう：柑橘類のさわやかな香り

検索アイコンの説明
葉について

本文解説ページの右上に表示している検索アイコンと樹木の葉について説明します。

※それぞれの用語については、巻末の用語解説(312ページ)もご参照ください。

1 葉の形

樹木の葉の形はおおまかに広葉樹5種類、針葉樹2種類の合計7種類に分けられます。

広葉樹　広葉樹の葉の形には単葉と複葉があります。

単葉(たんよう)

不分裂葉
切れ込みがなく、裂けない葉を不分裂葉といいます。

分裂葉
切れ込みがあり、裂ける葉を分裂葉といいます。

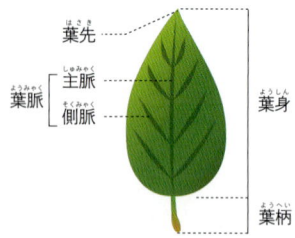

複葉(ふくよう)　複数枚の小葉で1枚の葉を構成する葉を複葉といいます。

羽状複葉
葉軸に複数枚の小葉が鳥の羽のようにつき、1枚の葉を構成する複葉を羽状複葉といいます。

掌状複葉
複数枚の小葉が掌(てのひら)のような形につき、1枚の葉を構成する複葉を掌状複葉といいます。

三出複葉
3枚の小葉で1枚の葉を構成する複葉。(本書では掌状複葉に含めます)。

単葉と複葉の見わけ方

単葉なら葉柄のつけ根に芽がありますが、複葉は1枚1枚の小葉のつけ根に芽はなく、複葉全体の葉柄の基部にだけ芽があります。

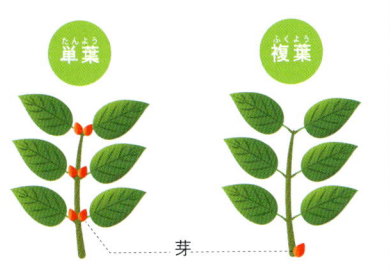

芽

針葉樹　針葉樹の葉の形には針形とうろこ形があります。

針状(束)

針状葉／束状
葉が針状で、まとまって束状につく。

1本が1枚の葉

鱗状

鱗状葉
葉が鱗のような形になっている。

1片が1枚の葉

針状(羽)

針状葉／羽状
葉が針状で、羽のように並んでつく。

2　ふちの形　※広葉樹のみ

葉のふちに鋸歯（ぎざぎざ）がある葉と、ない葉があります。

鋸歯

鋸歯縁
ふちのぎざぎざを鋸歯といい、鋸歯があるふちを鋸歯縁といいます。

全縁

全縁
ぎざぎざがなく、なめらかなふちを全縁といいます。

鋸歯

3 落葉樹・常緑樹

一年中、葉をつけている樹木と、冬に落葉する樹木があります。

落葉樹
寒くなってくると落葉し、暖かくなってくると新しい葉が芽吹く樹木。広葉樹だけでなく、一部の針葉樹も落葉します。

常緑樹
一年を通して、常に葉がついている樹木。ただし、常緑でも葉は生え変わるので、落葉しないわけではありません。

落葉樹と常緑樹の見わけ方

- 薄い
- 色が明るい
- 光沢が少ない

- 厚い
- 色が濃い
- 光沢が強い

4 葉の生え方

枝からの葉の生え方を葉序といいます。枝から葉が互い違いに生えているか、対になって生えているかを見ます。

 互生
葉が枝から互い違いに生えている。

 対生
葉が枝から対になって生えている。

コクサギ型葉序

コクサギ(191ページ)など一部の樹木では、葉が2枚ずつ互生することがあり、コクサギ型葉序と呼びます。

※枝先に葉が集まって生え、わかりにくい場合、多くの場合は互生です。
※ただし、分裂葉と不分裂葉、鋸歯縁と全縁、互生と対生が混在する樹木もあります。そのような混在型の代表的な樹木を「困ったときのお助けインデックス」にまとめました(10〜11ページ)。

検索の方法

葉で樹木を見わけるための、検索の手順を説明します。

1 不分裂

1 葉の形

葉の形を見ます。

切れ込みがなく、裂けない。 ▶ 不分裂

2 ふちの形 ※広葉樹のみ

鋸歯縁か全縁かを見ます。

ふちがぎざぎざして鋸歯がある。 ▶ 鋸歯

2 鋸歯

3 常緑

4 互生

ヒサカキ
(129ページ)
の場合

3 落葉樹・常緑樹

落葉樹か常緑樹かを見ます。

葉は厚くて色が濃く、光沢が強い。 ▶ 常緑

4 葉の生え方

葉の生え方が互生か対生かを見ます。

葉は互い違いに生えている。 ▶ 互生

上記4つのアイコンによりグループを絞り込み、似た葉を探す。

1 2 3 4 の組み合わせによって、葉のグループが絞り込まれたら、葉の画像を見ながら、グループ内で似た葉を探します。特徴が一致する葉を探しましょう。

それぞれのグループ内では、原則として葉のサイズが大きい順(複葉では小葉が大きい順)に並べてありますので、検索する際の目安にして下さい。

● ただし、近縁種の葉や、よく似ているので並べて比較したほうがよい葉は、大きさに関わらず同じ見開きにまとめて掲載している場合があります。
● 葉の大きさには変異があります。環境や生長、枝の位置や新旧によって葉の大きさは変動しますので、あくまでも目安となります。

答え合わせをする。

何の木か見当がついたら、答え合わせをしましょう。本書では樹皮や花、果実など、その樹木の特徴的な要素も掲載しています。葉以外の要素の一致も確認し、確実に見わけましょう。

困ったときの お助けインデックス

特徴が混在する代表的な樹木を選び、掲載ページをご案内しています。うまく検索できず困ったときにご参照下さい。

多くの樹木は種ごとに、不分裂葉か分裂葉か、鋸歯縁か全縁か、落葉か常緑か、互生か対生かが決まっているのですが、こうした特徴が混在する種もあります。

1 葉の形 〈不分裂葉と分裂葉が混在する代表的な樹木〉

- 37ページ オヒョウ（不分裂／分裂）
- 208ページ アカメガシワ（不分裂／分裂）
- 214ページ カクレミノ（不分裂／分裂）
- 226〜228ページ カジノキ、ヤマグワ、ヒメコウゾ ※写真はヤマグワ（不分裂／分裂）

2 ふちの形 〈鋸歯縁と全縁が混在する代表的な樹木〉

- 112ページ ヒイラギ（鋸歯／全縁）
- 144ページ サネカズラ（鋸歯／全縁）
- 145ページ ヤマモモ（鋸歯／全縁）
- 147ページ スダジイ（鋸歯／全縁）
- 150ページ モチノキ（鋸歯／全縁）
- 170ページ クサギ（鋸歯／全縁）

176ページ ヒトツバタゴ	241ページ トウカエデ
 鋸歯 / 全縁	 鋸歯 / 全縁
249ページ ツタウルシ	279ページ ヤマウルシ
 鋸歯 / 全縁	 鋸歯 / 全縁

3 落葉樹・常緑樹 〈半常緑(はんじょうりょく)の樹木（一部落葉し、一部の葉は残る）〉

107ページ ハナゾノツクバネウツギ	160ページ ヒラドツツジ	161ページ キリシマツツジ

161ページ サツキ	177ページ ビヨウヤナギ	205ページ ヤマツツジ

4 葉の生え方 〈互生と対生が混在する代表的な樹木〉

152ページ ヤブニッケイ	202ページ サルスベリ

観察道具について

ツリーウォッチングに欠かせない道具、あると便利で、より楽しむことのできる道具を紹介します。

本書

樹木が好きになると、あちこちの樹木が気になるようになります。観察に出かける時はもちろん、ふだんからこの図鑑を持ち歩き、ご活用下さい。

フィールドノート（別冊）

観察日時、場所、天候や、観察した樹木、生き物、発見したこと、気づいたこと、わからなかったことなどを記録しておきましょう。別冊の「樹木観察ノート」を使ってみて下さい。ページがなくなったら、市販のフィールドノートで使いやすいものを探してみて下さい。

筆記具

多色ボールペンをお勧めします。書き込む内容によって、色を使い分けることができます。通常は黒で書き、初めての観察は緑、シーズン初めての確認は青、わからなかったものは赤で記すなど。ストラップをつけると、両手を空けることができて便利です。

双眼鏡

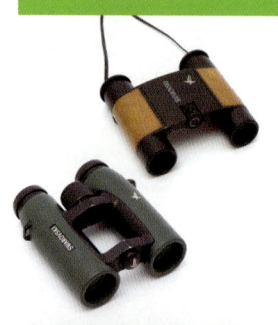

双眼鏡は観察する分野に関わらず、自然観察に必携の道具です。公園でも野山でもそうですが、手が届く枝がなかったり、近づけないかもしれません。そういう場合に双眼鏡が力を発揮します。高い木の上のほうに咲いている花や、実を食べている野鳥も観察できます。

双眼鏡は遠くを見るためだけの道具ではありません。昆虫や花など、近くの対象を拡大して見るような使い方もしますので、なるべく最短合焦距離（ピントが合う最短距離）が短い機種を選びましょう。

倍率は6～8倍くらいが使いやすいでしょう。対物レンズの口径が大きいほど、明るく見えるのですが、重量が増します。対物口径が20～30mm前後の軽量な機種をお勧めします。

ルーペ

〈ルーペを忘れたときの裏技〉
　ルーペが必要なのに忘れてしまったときには、双眼鏡をひっくり返すと、簡易的にルーペ代わりに使えます（像は多少ゆがみますが、拡大して見られます）。文字通り「裏技」です。

　星状毛や鱗状毛など、葉に生えている毛や、花のつくりを確認するなど、詳細な観察に使います。3〜10倍くらいのものをお勧めします。ルーペは被写体に近づけるのではなく、眼に当てて、被写体のほうを近づけて（あるいは自分が被写体に近づいて）見るのが正しい使い方です。

メジャー

　メジャーがあると、葉のサイズや木の幹周りや直径を測ることができて便利です。キーホルダーにつけられる軽量コンパクトなものがお勧めです。

カメラ

　スマートフォンのカメラ機能でも記録はできますが、高画質を求めるならデジタルカメラを使いましょう。最新の機種は必要充分な機能を備えていますが、花や実など被写体が小さいケースも多いので、マクロ機能で接写できる機種を選びましょう。

　大木の姿をしっかり撮りたい、もっと接写したい、見つけた野鳥も撮りたい、パソコンで美しい作品に仕上げたい……本格的に作品を撮りたい方にはデジタル一眼レフカメラをお勧めします。
　最新のデジタル一眼レフは高感度にしてもノイズが少ないので、暗い森の中でも三脚を使わずに手持ちで撮影できます。18〜200mmクラスの高倍率ズームレンズがあれば、樹木全体の姿から、花や果実のアップまで広範囲を1本でカバーできます。

フィールドでの服装について

都市公園などでの観察は普段着でもいいのですが、アウトドア・ウェアは万能で、天候の急な変化にも強く、低山などにも適しているのでお勧めです。

- 帽子
- ウェア
- トートバッグ
- ザック
- トレッキングシューズ

帽子

紫外線から肌を守り、熱中症を予防するためにも重要です。カメラや双眼鏡を使うときに、つばが邪魔にならないものを選ぶとよいでしょう。

ウェア

虫さされや紫外線から肌を守り、けがを防止するために、上下とも袖や丈が長いものを着て、肌を露出させないようにしましょう。夏は速乾性の新素材の長袖を着て、着替えを用意しましょう。

冬は新素材の肌着の上に厚手のシャツを着て、厚めのフリースを着た上で、ゴアテックスのような防水透湿の素材を使った上着を重ね着すると、防寒しながら、自分のかいた汗で身体を冷やすことを軽減することができます。

黒や赤、紺などの暗い色よりも、白や明るい色のほうが望ましいです。

ザック・トートバッグ

持ち歩く道具にもよりますが、日帰りで、本格的に写真撮影をするのでなければ、容量25〜30リットルのザックで十分でしょう。

フィールドを歩くときには、何度も降ろしたり背負ったりするのが意外に面倒なので、ザックにはお弁当や着替え、雨具など頻繁に出し入れしない道具や荷物を入れておき、図鑑やフィールドノート、地図、筆記用具、飲み物など頻繁に出し入れする道具や荷物は、トートバッグに入れて持ち運ぶととても便利です。

トレッキングシューズ

スニーカーと軽登山靴の間くらいの、歩きやすいものを選びます。ゴアテックス使用のシューズであれば、雨が降っても平気ですし、浅い水場なら、そのまま歩くことができて便利です。

※やぶに入ったり、ヤマビルがいるようなフィールドでは丈の長い長靴を履くのが望ましいです。

⚠ 危険生物への対応について

スズメバチ

街中や都市公園にも生息し、毎年死亡者が出るほど強い毒をもつ代表的な危険生物ですが、ハチのほうから積極的に人を襲って刺すことはありません。ハチに出会ってもじっとしていれば、飛び去ります。反撃して刺してくる可能性がありますので、絶対に手で払ったりしないで下さい。とにかくじっとして、急な動きをしないことです。ただし、知らずに巣に近づいてしまった場合などは別です。ハチがカチカチとあごを鳴らすのは侵入者に対する警告であり、近くに巣がある可能性が高いです。すみやかにその場を離れましょう。もし、刺されてしまった場合は、傷口をつまんで毒をできるだけ水で洗い流し、最寄りの病院で治療を受けましょう。

毒ヘビ（マムシやヤマカガシ）

通常、都市公園には毒ヘビは生息しませんが、郊外の丘陵、里山、低山ではマムシやヤマカガシなどの毒ヘビが生息しています。むやみにやぶに入ったり、暗い物陰に手を伸ばさないようにし、出会ったら、そっと離れましょう。もし、咬まれてしまったら、咬まれた個所から心臓に近い側を軽く縛り、慌てずに病院へ行き、治療を受けましょう。

カシワ

かしわ餅を包む、波形の大きな葉。

【柏・槲】 *Quercus dentata* ブナ科コナラ属　別名：モチガシワ

樹高： 低木 小高木 高木 10〜20m　　花期→果期： 1 2 3 4 5 6 7 8 9 10 11 12
分布：北海道〜九州

40%

葉先に近い側で幅が最大になる倒卵形(とうらんけい)。

鋸歯は丸い波形で、ふちは波打つことが多い。

葉柄はほとんどない。葉は枝先に集まる。

表裏ともに毛が多い。

表　裏

樹皮

縦方向に深く裂け、やや不規則。

果実

　5月5日の端午の節句にお供えされる、かしわ餅に葉が使われるのでおなじみの木で、寒冷地に多い。丸くとがらない波形の鋸歯の大きな葉は、特徴的で見わけやすい。冬になっても一部の葉が枯れたまま落葉せずに残る性質が強く、子孫繁栄を象徴する縁起の良い木とされる。このように葉が残る性質の木には他にクスノキ科のヤマコウバシ（199ページ）がある。樹形は枝がくねる傾向があり、冬にほとんどの葉が落ちた大木を見ていると、おとぎ話の世界にいるかのよう。黒褐色の厚い樹皮は縦に裂ける。どんぐり（堅果）はクヌギ（24ページ）に似て球形で、細長いものもある。

♪ 聴いてみよう

真冬の森や原野に風が吹くと、カサカサという音が聞こえる。カシワの木に残った葉が、冬らしく物寂しい音を奏でているのだ。北国に暮らす人々にとっては春が待ち遠しくなる音だという。

ミズナラ

山地を代表する木は、人にもクマにも人気。

【水楢】 *Quercus crispula* ブナ科コナラ属　別名：オオナラ（大楢）

樹高：　低木　小高木　**高木** 20～30m　花期→果期： 1 2 3 4 **5 6** 7 8 9 **10 11** 12
分布：北海道～九州

不分裂 / 鋸歯 / 落葉 / 互生

60%

葉先に近い側で幅が最大になる倒卵形（とうらんけい）。

カシワに似た形だが小さく、鋸歯はとがる。

表

樹皮

不規則に縦に裂け、コナラやクリ（26ページ）に似るが、本種は樹皮がよくはがれる。

コナラ（18ページ）に似た形だが大きく、葉柄はごく短く約5mm。

果実

　冷涼な気候を好み、ブナと共に山地林を代表する樹種で寒冷地に多い。30mを超える大木も珍しくない高木で、燃えにくいほど、材が水分を多く含むのが和名の由来。近縁（きんえん）のコナラに似ることから、オオナラの別名で呼ばれることもあるが、葉柄の長さや樹皮の違いで見わけることができる。材は強度があり、木目が美しく重厚なので高級家具や洋酒の熟成樽の材として珍重され、特にヨーロッパで人気が高い。長球形のどんぐり（堅果）はブナの実と共に、ツキノワグマの冬ごもり前の重要な食糧となっている。

つながっている生き物

ツキノワグマは器用に木に登り、枝を折ってたぐり寄せてどんぐりを食べる。食べ終わった枝を尻の下に敷くことを繰り返す内に鳥の巣のようになったものを「クマ棚（だな）」という。

コナラ

雑木林を代表する落葉広葉樹。

【小楢】 *Quercus serrata*　ブナ科コナラ属　別名：ハハソ、ホウソ

樹高： 低木　小高木　**高木**　10〜20m　花期→果期： 1 2 3 **4 5** 6 7 8 9 **10 11** 12
分布：北海道〜九州

原寸大

表

葉先に近い側で幅が最大になる倒卵形(とうらんけい)。

形や毛の有無など変異が大きい。

表　裏

葉柄は約1cm。

表裏とも毛があるタイプ。

幅が細いタイプ（紅葉）。 40%

触ってみよう

コナラとクヌギの樹皮は見わけにくいが、コナラの樹皮は表面が平らに、クヌギは山状になる傾向があり、触るとわかる。「コナラはカタカナのコ、クヌギはひらがなのく」と覚えるとよい。

コナラ

クヌギ

クヌギ(24ページ)と並んで雑木林を代表する木の一つで、平地から山地まで広範囲に生える。かつて雑木林は薪炭林(しんたんりん=燃料用の薪や炭の材を得るための林)として繰り返し伐採され、萌芽更新(ほうがこうしん)によって維持されてきた。今は薪や炭が使われる機会が減って、人の手が入らなくなり、関東の雑木林はシラカシ(117ページ)などの常緑広葉樹にとって代わられようとしている。本種はクヌギと同じように、カブトムシやクワガタムシ類などの昆虫が好む樹液が出る木として子供たちにもよく知られている。秋には細長いだ円形のどんぐりが沢山実り、昆虫や鳥類から哺乳類まで、多くの動物たちの食糧になっている。葉はミズナラ(17ページ)とよく似ているが、ミズナラは葉柄が短く、ほとんどないように見えるのに対し、本種は葉柄の長さが約1cmある点で見わけることができる。

不分裂

鋸歯

落葉

互生

樹形
自然樹形はだ円に近い形になる。

つながっている生き物

ナラ類のどんぐりは、ヒメネズミやニホンリスなどの小動物からツキノワグマのような大形哺乳類、カケスやアカゲラなどの鳥類の大切な食糧である。どんぐりをすぐに食べずに埋めて保存しておく「貯食」の行動をする生き物もいて、埋められたまま食べ残されたどんぐりが芽を出すのは、自然界のよくできた仕組みの一つである。

どんぐりをくわえて運ぶヒメネズミ。

どんぐりは細長いだ円形だが、葉と同じく変異が大きい。

貯食のため、樹皮のすき間に埋め込まれたどんぐり。

ケンポナシ

柄がおいしい？変わった果実。

【玄圃梨】 *Hovenia dulcis* クロウメモドキ科ケンポナシ属

樹高： 低木 小高木 **高木** 15〜20m　花期→果期： 1 2 3 4 5 **6 7** 8 9 10 **11** 12
分布：北海道南部〜九州

50%

ふちが波打つ。

基部（つけ根）が三角。

表

3本の葉脈が目立つ。

樹皮
縦に裂け、はがれる。

葉序
2枚ずつ交互につくコクサギ型葉序。

食べてみよう

　山地の渓流など湿った環境に、まれに自生する高木。初夏、カリフラワー状の薄緑色の花を枝先に咲かせる。本種の特徴は何といっても果実である。秋に数ミリの果実がなるのだが、果柄（かへい＝実をつけている柄）がくねりながら伸び、果実と同じくらいに太る。この果柄は食べることができ、梨のような食感と甘味がある。大形の葉はヤマグワ（227ページ）の不分裂葉に似るが、鋸歯の形やふちが波打つ点などで見わけることができる。葉序（葉のつき方）は互生だが、葉が2枚ずつ交互につくコクサギ型葉序（191ページ）になる部分がある。

果実の形も、柄を食べるというのも変わっている。食感はドライフルーツのようで、梨のようなまろやかな甘味がある。はじめ手が届かなくても、落葉する頃に枝ごと落ちるので、拾って味わってみよう。

ハクウンボク

うちわのような丸い葉。

【白雲木】 *Styrax obassia*　エゴノキ科エゴノキ属　別名：オオバヂシャ

樹高： 低木　小高木　**高木** 6〜15m　花期→果期： 1 2 3 4 **5 6** 7 8 **9 10** 11 12
分布：北海道〜九州

不分裂

鋸歯

落葉

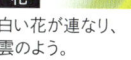
互生

40%

不規則な鋸歯がある。

葉先が突き出る。

表

花
白い花が連なり、雲のよう。

果実
房状に連なり、ブドウのよう。

　冷涼な山地に生える高木で、公園などにも植えられる。うちわのような丸い形の大きな葉は直径20cmにもなり、目立つ。葉には不規則な鋸歯があったり、なかったりで、先端が突き出るのが特徴。初夏に白い花が下向きに連なって咲く様子を白い雲に見立てたのが和名の由来で、花の時期に山を歩いていると、まるで白い絨毯のように、散った花が地面に広がる光景に出会い、本種の存在に気づくことがある。ブドウのように房状に連なる実が熟すと、近縁のエゴノキ（74ページ）と同じように野鳥のヤマガラが好んで食べる。

🔍 探してみよう

エゴノキと同じように、オトシブミの仲間が揺籃（ようらん）を作るので、探すといくつか見つかるはずだ。揺籃の中で卵から孵化した幼虫は周囲の葉に守られ、それを食べながら成長する。

イイギリ

おいしそうに見せかけて食べさせる？赤い実。

【飯桐】 *Idesia polycarpa* ヤナギ科イイギリ属　別名：ナンテンギリ

樹高： 低木　小高木　**高木**　10〜20m　　花期→果期： 1 2 3 **4 5** 6 7 8 9 **10 11** 12
分布：本州〜沖縄

80%

はっきりした鋸歯がある。

ハート形や丸みのある三角形。

表

基部と長い葉柄の下部の2ヶ所に蜜腺がある。

葉柄は長く、赤みを帯びることが多い。

樹皮
横方向に細かい皮目が入り、裂けない。

公園や里山、山地に生え、ハート形や丸みのある三角形の大きな葉とブドウのように房状になる赤い実が特徴。葉の大きさや形、長い葉柄が赤くなるなどの点でアカメガシワ（208ページ）の不分裂葉に似る上、両種とも同じような環境に生えるのでまぎらわしいが、本種ははっきりした鋸歯がある点で見わけられる。キリ（212ページ）に似た大きな葉で、かつてご飯を盛ったり、包んだりしたことから《飯桐》と名づけられた。春には鮮やかな黄色い花が葉の下側に房状に咲き、この花は柄のついたポンポンのような状態で散り落ちて地面を彩る。その後、たわわに実った房状の実は赤く熟し、秋に葉を落とした後も長く残る。

不分裂

鋸歯

落葉

互生

花
鮮やかな黄色い花が房状に咲く。

果実
たわわに実った赤い実はおいしそうに見えるが、長期間、食べられずに残っている。

果実はたくさんの種を含んでいる。
試しに数えると、54個もあった。

つながっている生き物

多くの樹木は、鳥に遠くまで種子を運んでもらうためにおいしい果実を実らせる。真っ赤な実は、一見おいしそうに見えるが、なかなか鳥たちに食べられずに残ることが多い。本種のほか、ピラカンサ類（130ページ）などもしばしば冬まで残ることがある真っ赤な実だ。一方、ミズキ（188ページ）やムクノキ（60ページ）、エノキ（64ページ）など鳥たちに人気の実は地味な黒色が多い。おいしくない実が、何とか鳥たちに食べてもらおうとするのが真っ赤になる理由だという説もあるが、結局長期間残っているので、その効果の程は疑問である。

ほかに食べる実がなくなって来た頃、ヒヨドリなどが一気に食べ尽くす。

クヌギ

コナラと並ぶ、関東の雑木林の代表的樹木。

【椚・櫟】 *Quercus acutissima* ブナ科コナラ属 別名：ツルバミ

樹高：低木 小高木 **高木** 10〜15m 花期→果期：4 5 10 11（翌年）
分布：本州〜九州

60%

「クヌギは（色）ヌキ」と覚える

鋸歯先端に葉緑体がない。

大きく細長い。

明るい緑色。

針のような鋸歯が出る。

表　裏

冬芽はとがった形。

　関東の雑木林を代表する樹木の一つで、コナラ（18ページ）と同じように、薪炭として利用されてきた。樹皮がコナラに似ているが、コナラの葉は鋸歯が大きな倒卵形なのに対して、本種は細長いので、葉で簡単に見わけられる。葉はクリ（26ページ）によく似ているが、クリは鋸歯の先の針状の部分まで葉緑体が含まれていて緑色なのに対し、本種は葉緑体がなく白い。どんぐりは球形。狭い意味でのどんぐりとは本種の果実を指す。どんぐりころころの唄やどんぐりまなこという言葉も、本種のまん丸のどんぐりをイメージして作られたようで、転がしてみると納得できる。

アベマキ

【阿部槙・椪】 *Quercus variabilis*
ブナ科コナラ属　別名：コルククヌギ

樹高：低木 小高木 **高木** 15〜20m
花期→果期：1 2 3 **4 5** 6 7 8 9 **10** 11 12 (翌年)
分布：東北地方南部〜九州

40%

大きく細長いが、
クヌギに比べて
幅広で丸い。

表　　裏

毛が生え白っぽい。

樹齢100年以上の大木。ここまで丸い樹形は珍しい。

樹皮は細かく縦に裂け、樹液には昆虫がよく集まる。

同科同属の高木で西日本に多い。クヌギに似るが、葉が幅広で丸みがあるので見わけられる。果実もクヌギに似ていて球形あるいは長球形で、熟すまでに2年かかる。

やってみよう

どんぐりは熟すまでに2年かかり、ふわふわの線状の殻斗に包まれる。どんぐりを転がしてみよう。球形に近いので、とてもよく転がる。

触ってみよう

縦に不規則に深く裂ける樹皮はコルク層が発達し、押してみると弾力があって柔らかい。コルククヌギの別名通り、かつてはコルク採取用に植えられたという。一般的に流通しているコルク材は本種ではなく地中海原産のコルクオークである。

クリ

クリの実は誰もが知っているけど、葉は？

【栗】 *Castanea crenata*　ブナ科クリ属　別名：シバグリ、ヤマグリ

樹高： 低木 / 小高木 / **高木** 10〜15m　花期→果期： 1 2 3 4 **5 6** 7 8 **9 10** 11 12
分布：北海道南部〜九州

90%

「クリはグリーン」と覚える

鋸歯先端まで緑色。

やや白っぽい。

大きく細長い。

表　裏

クリの実は誰でも見慣れているが、その葉をイメージできる人は意外に少ないのではないだろうか。葉はクヌギ（24ページ）によく似ているが、本種は鋸歯の先端の針状の部分まで葉緑体が入って緑色だという点で見わけられる。このポイントを「クリはグリーン」「クヌギは（色）ヌキ」と覚えるとよい。また、樹皮も異なるので、併せて確認することで確実に見わけよう。菓子作りや料理などによく利用する実は、ツキノワグマの秋の重要な栄養源の一つでもある。クマが登って実を食べた樹にはクマ棚と呼ばれる、折った枝が重ねられた鳥の巣のような痕跡が残っている。

不分裂

鋸歯

落葉

互生

花
花は独特の青臭いにおいがする。花粉を運んでくれる昆虫を呼ぶため、強いにおいを出している。

樹皮
樹皮の縦裂けは長く、幅広く、浅い。

果実
クリの実は秋の味覚の一つ。

触ってみよう

針のように鋭く、軽く触るだけでも痛いのがクリのいが。未成熟の果実を動物に食べられないようにするための仕組みだが、若いいがは意外なほど柔らかく、触っても痛くない。

つながっている生き物

枝が折れて鳥の巣のように重なっていれば、それはツキノワグマが登ってクリの実を食べたフィールドサイン。クリの実は冬ごもりに備えるための秋の重要な栄養源の一つである。

見てみよう

リョウブ

はがれる樹皮の木も葉で見わけよう。

【分類】*Clethra barbinervis*　リョウブ科リョウブ属　別名：ハタツモリ

樹高： 低木　小高木　高木　8〜10m　花期→果期：1 2 3 4 5 6 7 8 9 10 11 12
分布：北海道南部〜九州

70%

葉脈上に毛が目立つ。

葉先のほうで幅が最大になる。

葉先が短く鋭くとがる。

鋸歯は細かくぎざぎざしている。

裏　表

樹皮がはがれてまだらになる木の一つで、本種の目立つ特徴。

樹皮

　山地や里山に生え、公園や庭などにも植えられる。はがれてまだらになる樹皮が特徴で、サルスベリ（202ページ）やナツツバキ（55ページ）によく似るが、本種の葉は倒卵形（卵をひっくり返したような形、葉の先のほうで幅が最大になる）で鋸歯がぎざぎざなのに対し、サルスベリの葉は全縁で、ナツツバキは卵形の葉で鋸歯が低い点で見わけられる。同じように樹皮がまだらなモミジバスズカケノキ（220ページ）は大きな分裂葉だし、カゴノキ（146ページ）やバクチノキは常緑樹。まだらにはがれる樹皮の木は、どれも同じように見えるが、葉で確実に見わけられる。

つながっている生き物

リョウブの実は冬鳥のウソが好む実の一つ。フィ、フィという口笛のような声が聞こえたら、姿を探してみよう。
ウソはアトリ科の冬鳥で全長15.5cm。口笛のような鳴き声が「うそぶく」の由来といわれる。

マンサク

早春に「まず咲く」花。

【満作・万作】 *Hamamelis japonica* マンサク科マンサク属

樹高： 低木 / 小高木 / 高木　2〜7m　花期→果期： 1 2 3 4 5 6 7 8 9 10 11 12
分布：北海道南部〜九州

90%

鋸歯は波状で不揃い。

葉は左右非対称でひし形になることが多い。

中国原産の別種シナマンサクは葉が大きく、毛が密生する。

表

変種のマルバマンサクは、葉先が丸いタイプ。

40%　表　　40%　表

不分裂

鋸歯

落葉

互生

樹皮
白っぽく、なめらか。

花
黄色く、ひょろ長い花弁が4本。

　山地に生え、公園などに植えられる落葉広葉樹。早春に山を歩くと、他の木が未だ芽吹いていない、色の少ない景色の中で黄色い花を咲かせているのが本種。花弁は4枚、というより4本といったほうがよいほど、細長くひょろひょろした独特の形。枝いっぱいに花が咲くことから「満咲く」、あるいは、早春にほかの木に先駆けて花が咲くこと、また、葉が出る前に花が咲くことから「まず咲く」が名の由来になったといわれる。早春に「まず咲く」福寿草(フクジュソウ)のことをマンサクと呼ぶ地方もある。フクジュソウも本種と同じく、春を告げる黄色い花の一つである。

トサミズキ

春にたくさんぶら下がる、黄色い穂の花。

【土佐水木】 *Corylopsis spicata* マンサク科トサミズキ属

樹高： 低木 小高木 高木 2〜4m　　花期→果期：1 2 3 4 5 6 7 8 9 10 11 12
分布：高知県の一部

ふちは波形。

表

葉柄に毛が生える。

折り目をつけたように直線的な葉脈で凹凸がある。

その名の通り、高知県の一部にしか自生していない落葉低木だが、全国の公園や庭などに植えられている。春に穂状の黄色い花が多数ぶら下がり、花が終わると葉が出てくる。少し厚みのあるハート形の葉は葉脈に沿って折り目をつけたように凹凸があり、秋には花と同じく黄色に色づいて黄葉する。

トサミズキ　　　　ヒュウガミズキ

ヒュウガミズキの花は小さく、穂は3つほどだが、トサミズキの花はヒュウガミズキよりも大きく、穂も8つほどの花からなる。両種とも早春を彩る黄色の花の一つ。

ヒュウガミズキ

【日向水木】 *Corylopsis pauciflora*
マンサク科トサミズキ属　　別名：ヒメミズキ

樹高： 低木 小高木 高木 2〜3m
花期→果期：1 2 3 4 5 6 7 8 9 10 11 12
分布：北陸地方〜近畿地方の一部

葉も花も、すべてにおいてトサミズキを小さくしたようなタイプ。春に穂状の黄色い花が多数ぶら下がる。同じように自生地が限られ、トサミズキの自生地が高知（土佐）なので、こちらは宮崎（日向）だと考えるが、宮崎県には自生していない。和名は戦国武将の明智日向守（ひゅうがのかみ）光秀の所領だった丹波地方に本種が多かったことに由来するという説がある。

トサミズキの葉をそのまま小さくしたような形。

ヤマハンノキ

やせた土地でもよく育つ先駆性樹木。

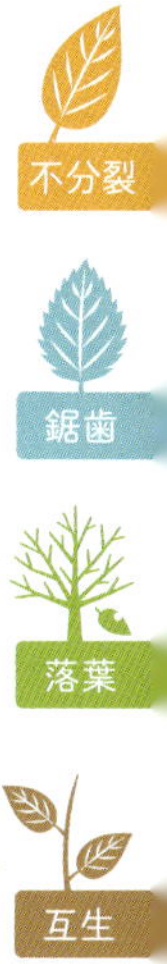

【山榛木】 *Alnus hirsuta* カバノキ科ハンノキ属

樹高： 高木 10〜20m　花期→果期： 2 3 4 10
分布：北海道〜九州

80%

ふちは不規則な重鋸歯。

白っぽい。

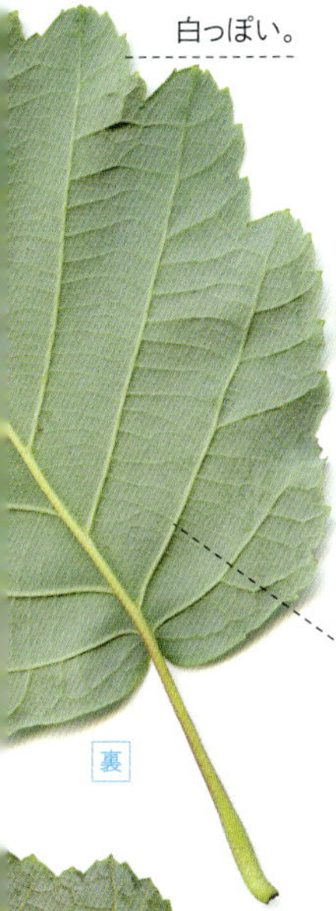

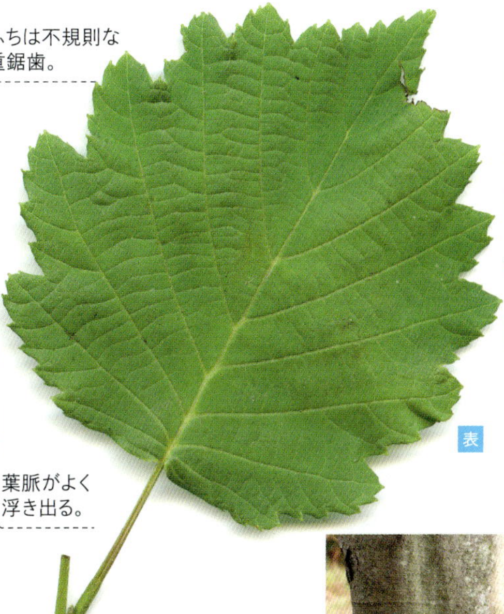

葉脈がよく浮き出る。

表

裏

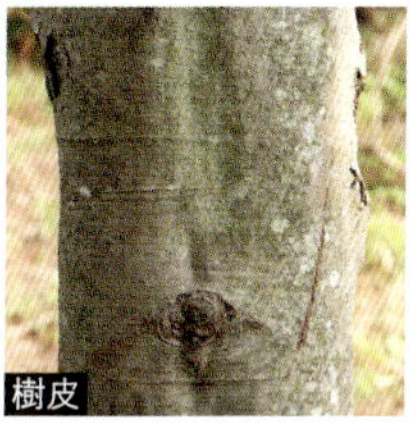

80%

裏

[ケヤマハンノキ]

褐色で縦裂けのハンノキの樹皮と異なり、裂けずに横長のしま模様が入る。

樹皮

不分裂

鋸歯

落葉

互生

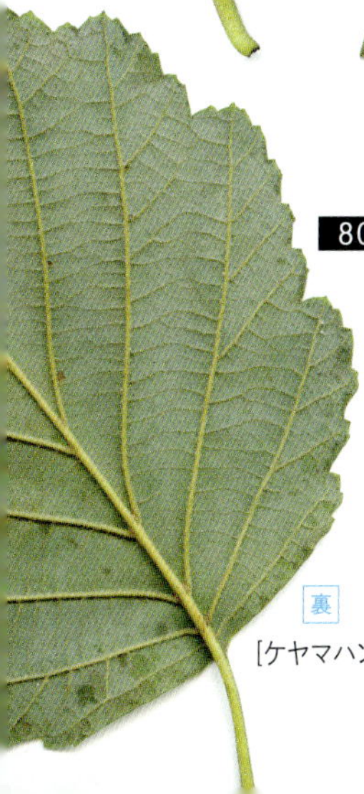

　山地に生え、特に寒冷地である北海道から東北にかけて多い落葉広葉樹。工事の跡や土砂崩れ、河川のはんらんによって、かく乱された環境で先駆的に生えてくる樹木の一つで、やせた土地でもよく育つので砂防樹や斜面や法面の緑化樹としてよく植えられる。円形の葉には不規則な深い切れ込みの重鋸歯があり、葉脈が葉裏によく浮き出る。近縁のハンノキ（49ページ）とは葉の形も樹皮も大きく異なる。変種のケヤマハンノキは葉裏に毛が多く、特に主脈の基部に多い。

31

ツノハシバミ

ユニークな形の果実の中に日本産ヘーゼルナッツ。

【角榛】 *Corylus sieboldiana*　カバノキ科ハシバミ属　別名：ナガハシバミ

樹高： 低木 小高木 高木　2〜5m　　花期→果期： 1 2 3 4 5 6 7 8 9 10 11 12
分布：北海道〜九州

90%　ぎざぎざの鋸歯のところどころが飛び出す。

表

葉脈と葉柄に毛が多い。

果実

曲がったオクラか、鳥のくちばしのような、とてもユニークな形をしていて、びっしり毛に覆われている。

30%

若い葉には赤紫色の模様がある。

食べてみよう

本種や近縁のハシバミの西洋種の種子がヘーゼルナッツ。本種の毛に覆われた総苞（そうほう）をむくと、小さなどんぐりのような種子が現れる。これをペンチなどで割ると、日本産のヘーゼルナッツが姿を現す。※総苞の毛はとげのように刺さることがあるので取り扱いには注意しよう。

　山地の林縁など日当たりのよい場所に生える低木。葉はぎざぎざの鋸歯がところどころ角のように飛び出す、フサザクラ（35ページ）にも似た形。葉脈や葉柄を中心に白い毛が多く、感触がふさふさしている。しかし、本種の特徴は何といっても、曲がったオクラのような形で、毛に覆われている果実である。果実の中の種子は食べることができ、とてもおいしい。それもそのはず、本種の西洋種（セイヨウハシバミ）の種子はヘーゼルナッツである。ツノハシバミの種子は日本産のヘーゼルナッツなのだ。

セイヨウハコヤナギ（ポプラ）

音が聞こえる？風によく揺れる葉。

【西洋箱柳】 *Populus nigra* var. *italica*　ヤナギ科ヤマナラシ属　別名：ポプラ、イタリアポプラ

樹高： 低木　小高木　**高木**　20m以上　花期→果期： 1 2 **3 4 5** 6 7 8 9 10 11 12
分布：ヨーロッパ・西アジア原産

不分裂

鋸歯

落葉

互生

80%

おむすび形のタイプ。

枝も幹もまっすぐに伸びる樹形が特徴的。

樹形

表

上のほうの枝では葉が小さい（黄葉）。

表

葉柄は長く、平打ちの麺のように扁平。

♫ 聴いてみよう

セイヨウハコヤナギなどヤマナラシ属の樹木の葉は風でよく揺れる。葉の奏でる音を聴いてみよう。自動車のワイパーのように大きく揺れる様子を眺めるのも楽しい。

　ポプラの別名の方が有名な外国産の高木。幹も枝も横に広がらず、まっすぐに伸びて背高のっぽの樹形になるのが大きな特徴。寒冷地に多く、北海道ではしばしばポプラ並木を目にする。特徴的な樹形の並木は遠くからでもすぐにポプラ並木とわかる。おむすびのような三角形に近い葉は、長い葉柄が平打ちの麺のように扁平しているので少しの風でも大きく揺れ、葉と葉が当たってカチカチと音が鳴る。これがヤマナラシ（山鳴）属の名の由来である。国内の冷涼な山地には同属の在来（国産）種、ヤマナラシが生える。

ウラジロノキ

葉の裏が白いのが名の由来。

【裏白木】 *Aria Japonica*　バラ科アズキナシ属

樹高： 低木　小高木　**高木**　10〜20m　花期→果期： 1 2 3 4 **5 6** 7 8 **9 10 11** 12
分布：本州〜九州

　山地の日当たりのよい場所に生え、葉の裏に綿毛が密生し白く見えるのが和名の由来。強い風で葉が裏返ると白さが一層目立つ。葉の裏が白っぽい木にはウラジロガシ（118ページ）、シロダモ（140ページ）、ホオノキ（180ページ）などがある。葉のふちは大きな山形で、小さなぎざぎざもある重鋸歯で、ヤマハンノキ（31ページ）に似る。材は堅く、お盆や器具の柄に利用される。

枝に3枚1組でつくことが多い。

大きく深い山に、小さくぎざぎざの重鋸歯。

白い毛が密生し、目立って白く見える。

若木は紫褐色でひし形の皮目が目立ち、成木では灰黒褐色になって縦に裂ける。老木になると、うろこ状にはがれる。

樹皮

アズキナシ

【小豆梨】 *Aria alnifolia*
バラ科アズキナシ属　別名：ハカリノメ

樹高： 低木　小高木　**高木**　10〜15m
花期→果期： 1 2 3 4 **5 6** 7 8 **9 10** 11 12
分布：北海道〜九州

　ウラジロノキと同属で山地の乾燥した場所に生える。秋に赤く熟す小豆に似た果実の表面にナシのように白い皮目があるのが和名の由来だが、じゃりじゃりして食用には向かない。葉はウラジロノキに似ているが側脈が多く、裏は白くない。黒紫色の枝に白い皮目が並び、眼のように見えるのが別名の由来。

側脈が多い。

ふちの重鋸歯は浅い。

黒紫色で眼のような白い皮目が入る。

裏は深い緑色。

フサザクラ

フサザクラのどのあたりがサクラか。

【房桜・総桜】*Euptelea polyandra* フサザクラ科フサザクラ属　別名：タニグワ

樹高： 低木　小高木　**高木**　10m前後　花期→果期：1 2 **3 4** 5 6 7 8 9 **10 11** 12
分布：本州〜九州

不分裂 / 鋸歯 / 落葉 / 互生

70%

鋸歯がところどころ飛び出す。

葉先が細長く伸びる。

樹皮：裂けない。生長とともに凸凹になっていく。

花：花は花弁もがくもない房状で赤色。葉が伸びる前に、花が満開に咲く姿をサクラに見立てたのかもしれない。

表

葉柄が長い。

　山地の沢や渓流沿いなど湿気のある環境に生えることが多い高木で、ヤマハンノキ（31ページ）やアカメガシワ（208ページ）のように、かく乱された環境で最初に生えてくるパイオニア植物でもある。円形〜三角形の葉はなんとなく大葉（シソの葉）に似ていて、鋸歯がところどころ飛び出す特徴がツノハシバミ（32ページ）にも似ている。サクラの仲間ではなく、葉も樹皮も花も似ていないし、和名の由来もはっきりしないが、強いていうなら3〜4月頃、葉が伸びる前に、赤く目立つ花が一斉に咲く様子がサクラ（ソメイヨシノ）っぽいといえなくもないだろうか。

表

赤紫色を帯びることが多いのは、ツノハシバミの若葉に似た特徴。

ハルニレ

北の大地に広がる美しい樹形。

【春楡】 *Ulmus davidiana* var. *japonica*　ニレ科ニレ属　別名：ニレ、エルム

樹高： 低木　小高木　高木 20〜30m　　花期→果期： 1 2 3 4 5 6 7 8 9 10 11 12
分布：北海道〜九州

原寸大

ゆがんだ
左右非対称
の形。

表裏とも毛が
あり、ざらつく。

表

基部も
左右非対称。

裏

樹形
ケヤキと一二を争う、美しく優雅な樹形。

オヒョウ

【大鮃】 *Ulmus laciniata*
ニレ科ニレ属　別名：アツシ、ジナ、オヒョウニレ

樹高： 低木 小高木 高木 15〜25m
花期→果期： 1 2 3 4 5 6 7 8 9 10 11 12
分布：北海道〜九州

70%

不分裂
鋸歯
落葉
互生

　冷涼な山地に生え、特に寒冷地である北海道に多く、街路樹や公園樹として多数植えられている。寒さに強く、美しく整った樹形の大木になるので、北海道では北の大地のシンボルのように扱われ、広告にもしばしば登場する。親しみを込めてニレと呼ばれることが多い。同様にエルムとも呼ばれ、通りや店の名前にもなるが、エルムは本来ヨーロッパ原産のオウシュウハルニレの英名あるいはニレ属の樹木の総称である。左右非対称のゆがんだ葉が特徴。ニレ属の樹で春に花が咲くのが和名の由来。近縁のアキニレはその名の通り、秋に花が咲く。

葉先は3〜5に分裂。3つに裂けることが多い。

表
[分裂葉]

不分裂葉はハルニレとの区別が難しいが、鋸歯がハルニレより細かく鋭い。

表
[不分裂葉]

樹皮

縦に細かく裂ける樹皮も見わけのポイント。

　ハルニレと同じく冷涼な山地や寒冷地に多く生えるニレ属の高木。葉の先が3つに裂けることが多く、フォークのような形に見える。不分裂葉だけを見ると、近縁のハルニレと区別しにくい。

ヤマザクラ 花が咲くのと同時に葉が出る、野生のサクラ。

【山桜】*Cerasus jamasakura* バラ科サクラ属

樹高： 低木 小高木 **高木** 15m前後　　花期→果期： 1 2 **3 4 5 6 7** 8 9 10 11 12
分布：東北地方中部以南の本州～九州

原寸大

葉先が長く伸びる。

鋸歯はほかの
サクラ類よりも
細かい。

表

蜜腺

樹皮
赤紫を帯びた銀灰色で、横方向の皮目が目立つ。老木になると黒っぽくなる。

花
若葉が出るのと同時に花が咲く。

山野に普通に生える野生のサクラで、古来より広く親しまれ、奈良県の吉野山、茨城県の桜川市など全国に名所がある。私たちの身の回りに最も多いサクラである園芸品種のソメイヨシノ（右ページ）は、花が終わってから新しい葉が芽吹くが、本種は葉が芽吹くと同時に白あるいは薄紅色の花が咲く。幹がまっすぐ伸びて、すらっとした樹形になるのもソメイヨシノと異なる点。樹皮は横に皮目が入り、若木は赤紫を帯びた銀灰色で、老木になると黒っぽくなってくる。サクラ類の葉はどれも似て見えるが、本種は葉先が長く伸びるのが特徴で若葉は赤みを帯びることが多い。

つながっている生き物

蜜腺から出る甘い蜜はアリの好物。サクラ類は蜜を出してアリを呼ぶことで、害虫となる他の昆虫を退治してもらっていると考えられている。

🔍 見てみよう

ソメイヨシノ

サクラと呼ばれるサクラ。

【染井吉野】*Cerasus* × *yedoensis*　バラ科サクラ属　別名：サクラ、ヨシノザクラ

樹高： 低木　小高木　**高木** 10〜15m　花期→果期： 1 2 **3 4 5 6** 7 8 9 10 11 12

不分裂 / 鋸歯 / 落葉 / 互生

70%
葉先は短い。

　全国に最も多く植えられている身近なサクラで、花見の主役。サクラといえば本種を指すのが一般的。エドヒガンとオオシマザクラの雑種で、江戸時代に「吉野桜」として売り出されたが、奈良の吉野山のヤマザクラと混同されるので、売り出した染井村の名を取って「染井吉野」の名になった。ヤマザクラと異なり、葉が出る前に花が咲き、低い位置で枝分かれして横に広がる樹形になる。

表

葉柄に毛があり、いぼ状の蜜腺が目立つ。

ヤマザクラに比べると不揃いで、粗い。

樹皮
成木は黒くなり、縦に裂けてごつごつしてくる。

エドヒガン

【江戸彼岸】*Cerasus spachiana*
バラ科サクラ属　別名：ヒガンザクラ

樹高： 低木　小高木　**高木** 15〜20m
花期→果期： 1 2 **3 4 5 6** 7 8 9 10 11 12
分布：本州〜九州

　山地に生えるがまれ。長寿のサクラで樹高20mにもなり、全国の名木・巨木のサクラの多くが本種。樹齢1000年といわれるものもある。江戸でよく栽培され、春の彼岸の頃に咲くのが和名の由来。ソメイヨシノをはじめ、多くの品種の交配親であり、シダレザクラは本種の枝が垂れた品種である。

樹皮
縦に細かく裂ける。

細長いだ円形〜倒卵形。

70%
側脈の本数が多い。

表

ヤシャブシ類 カバノキ科ハンノキ属
Alnus spp.

やせ地に強い、ヤシャブシ三兄弟。

　ヤシャブシ類は海岸近くの山野に自生するが、同じカバノキ科のヤマハンノキ（31ページ）と同じようにやせ地でも良く育ち、土壌を豊かにする効果もあるので、砂防樹や緑化樹として植えられる。これは根に根粒菌（りゅうきん）が共生し、空気中の窒素を養分として取り込むことができるからである。葉は葉脈が直線的でシデ類（52-53ページ）に似るが、樹皮や果実が大きく異なるので識別できる。識別のポイントとなる果実の穂にはタンニンが多く含まれ、黒色の染料として利用される。

側脈はヒメヤシャブシより少なく、間隔が広い。

根元に近い方で幅が最大になる水滴形。

表
80%

🔍 樹皮と果実の比較

樹皮
- オオバヤシャブシ 
- ヤシャブシ 
- ヒメヤシャブシ 

3種とも若木のうちは細かい皮目が目立つ。オオバヤシャブシとヤシャブシは老木になると縦横に不規則な割れ目が入り、はがれる。両種の樹皮での区別は難しいが、ヒメヤシャブシは低木で、幹が太くならない。

果実
- オオバヤシャブシ　大きい果実が1個つく。 
- ヤシャブシ　2個が垂れずにつく。 
- ヒメヤシャブシ　3〜6個が垂れ下がる。 

オオバヤシャブシ

【大葉夜叉五倍子】 *Alnus sieboldiana*
カバノキ科ハンノキ属

樹高：低木 **小高木** 高木　5〜10m
花期→果期：1 2 3 4 5 6 7 8 9 **10** 11 12
分布：東北地方南部〜九州

　3種の中で最も多く見られ、葉は7〜14cmと大きい。葉の形は根元に近い方の幅が最大になる水滴形で、側脈の間隔は3種の中で最も広い。大きい果実が1個、葉柄の基部や葉がない枝につく。

鋸歯は
オオバヤシャブシ
より低い。

側脈はヒメヤシャブシより
少なく、オオバヤシャブシ
より多いか同程度。

葉の中央より
基部側で
幅が最大になる
細めの卵形。

細長い卵形。

側脈が多く、
間隔が狭い。

不分裂 / 鋸歯 / 落葉 / 互生

ヤシャブシ

【夜叉五倍子】*Alnus firma*
カバノキ科ハンノキ属

樹高： 低木 小高木 高木 8〜15m
花期→果期： 1 2 3 4 5 6 7 8 9 10 11 12
分布：本州〜九州

　葉は3種の中では中間の大きさで4〜10cm。形はオオバヤシャブシより細く、ヒメヤシャブシより太い、やや細身の卵形。果実は2個つくことが多く、垂れない。

ヒメヤシャブシ

【姫夜叉五倍子】*Alnus pendula*
カバノキ科ハンノキ属

樹高： 低木 小高木 高木 2〜7m
花期→果期： 1 2 3 4 5 6 7 8 9 10 11 12
分布：北海道〜四国

　3種の中で最も細身の葉で大きさは4〜10cm。側脈がとても多い細身の卵形。果実は3〜6個が垂れ下がる。樹皮は灰褐色でなめらかで、横すじあるいは丸い皮目が目立つ。

ウワミズザクラ   ブラシ状の花の、変わったサクラ。

【上溝桜】 *Padus grayana*　バラ科ウワミズザクラ属　　別名：ハハカ、アンニンゴ（波波迦、杏仁子）

樹高： 低木　小高木　**高木**　15〜20m　　花期→果期： 1 2 3 **4 5** 6 7 8 **9** 10 11 12
分布：北海道〜九州

80%

葉先は長く伸びる。

葉脈のくぼみが大きく、裏面に大きく浮き出る。

裏

樹皮
若木は銀灰色で、成木は暗い色になる。

表

果実
鳥類やツキノワグマも好んで食べる。

葉柄が短い。　　基部は丸い。

山地や里山に生えるサクラの仲間で、関東では身の回りにも多く、公園に植えられることもある。サクラ属との大きな違いは、花が試験管やコップを洗う細長いブラシのような形状であること。4〜5月、葉が出た後に細長い穂状の白い花が一斉に咲く様子は独特で、サクラ類とは思えないほどだ。波波迦（ははか）と呼ばれる古代の占い道具に本種の材が使われ、上面に溝を掘ったことが和名の由来といわれる。果実は食用になり、特に果実酒として利用される。本種を杏仁子（あんにんご）と呼び、蕾を塩漬けにして食べる地方もある。

見てみよう

ブラシのようなユニークな形状の花をルーペで拡大してよく見てみると、桜の花の形をした小さな花が集合して穂になっていることがよくわかる。

イヌザクラ

樹皮が白いサクラ。

【犬桜】*Padus buergeriana*　バラ科ウワミズザクラ属　別名：シロザクラ

樹高： 低木　小高木　**高木**　10〜15m　花期→果期： 1 2 3 **4 5** 6 **7 8 9** 10 11 12
分布：本州〜九州

不分裂 / 鋸歯 / 落葉 / 互生

原寸大

ふちは波打ち、鋸歯は低い。

細長く、葉先側で幅が最大になる倒卵形（とうらんけい）。

裏　表

基部はくさび形。

樹皮
白っぽいのが本種の特徴。生長するにつれて黒みが強くなるが、ところどころ白っぽさが残る。

花
ウワミズザクラと同じブラシ状だが小さい。ウワミズザクラの花序（花の集まり）の基部には葉がつくが、本種にはつかない。

　山地や里山などに生え、ウワミズザクラ（左ページ）と同じようにブラシのような穂状の白い花が咲く。本種はシロザクラの別名の通り、樹皮が白っぽいのが最大の特徴。生長とともに樹皮は黒っぽくなるが、隅々まで見ると白っぽい部分がところどころ残っている。本種の葉はやや細長く、中央よりも葉先側で幅が最大になる倒卵形であり、ふちがよく波打つ点もヤマザクラ（38ページ）と異なる。

マタタビ

葉が白くなる、不思議な生態。

【木天蓼】*Actinidia polygama* マタタビ科マタタビ属

樹高： 低木 小高木 高木 つる性　　花期→果期： 1 2 3 4 5 6 7 8 9 10 11 12
分布：北海道〜九州

80%

幅広の卵形で小さな鋸歯がある。

葉先は鋭くとがる。

花期に上部の葉が白くなる。全面だったり半分だったり、先端だけだったりと変化がある。

表

表

　山地や丘陵に生えるつる性の木で、木全体にネコ科の動物が好む成分を含み、ネコに枝葉や果実を与えると、神経中枢に作用して酒に酔ったようになることで知られている。ふだんは葉が目立たないが、梅雨の時期に白い花が咲くと同時に上部の葉が白くなり、遠くからでもよく目立つようになる。葉が白くなるのは、花粉を媒介してくれる昆虫に対して目立つように花を大きく見せているといわれ、花期が終わると葉は再び緑色に戻る。葉が白くなるのは色素ではなく、葉にわずかに空気の層ができるからで、波が白く見えるのと同じ原理である。同じように花期に一時的に葉が白くなる生態をもつ植物にドクダミ科のハンゲショウがある。

キブシ

【木五倍子】 *Stachyurus praecox*
キブシ科キブシ属

樹高： 低木 小高木 高木 2〜5m
花期→果期： 1 2 3 4 5 6 7 8 9 10 11 12
分布：北海道南部〜九州

雄花／両性花
雄花、両性花があり、葉のわきに下向きに咲く。両性花は花柱が放射状に伸びるのが目立つ。

マタタビミバエが産卵すると虫こぶができる。これを木天蓼（もくてんりょう）とよび、身体を温める効果があることから漢方の生薬として利用される。

ドクダミ科のハンゲショウも花期に葉が白くなる。

60%
葉先に向かって側脈が弧を描いて伸びる。

葉柄に蜜腺はない。

葉先は長く伸びる。

花 花は淡い黄色。
果実 お歯黒に用いられた。

食べてみよう

果実は秋に橙色に熟し、食用になる。かじってみると、甘い中にまろやかな辛味がある。生でも食べられるが、塩漬けにしたり、果実酒にするのがよい。

　山野の林縁や林道沿いなどに生える低木。春先に葉が出る前に淡い黄色の花が房状にぶら下がり、連なるのがよく目立つ。葉は特徴がつかみにくく、一見するとサクラ類と間違いやすいが、側脈が弧を描いて葉先に向かって長く伸び、葉柄に蜜腺がない点が異なる。房状にぶら下がる果実も併せて確認し、確実に識別したい。果実はタンニンを豊富に含み、ヌルデ（258ページ）にできる虫こぶ、五倍子（ふし）の代用で染料として利用したことが和名の由来。枝の髄はスポンジ状で、クラフトなどにも利用される。

ボダイジュ

菩提樹もいろいろ。

【菩提樹】*Tilia miqueliana* アオイ科シナノキ属

樹高： 低木 小高木 **高木** 10m前後　花期→果期： 1 2 3 4 **5 6** 7 8 9 **10 11** 12
分布：中国原産

80%

銀白色の細かい星状毛が密生する。

基部がハート形にくぼみ、やや左右非対称になる。

裏

表

樹皮
幅広く縦に裂ける。

花
花の柄にへら形の苞葉がつくのがシナノキ属の共通点。

果実
へら形の苞葉と共に落下し、風に乗る。

　中国原産で、寺院によく植えられる。一般にいうボダイジュは総称であり、釈迦が木の下で悟りを開いたのはインド原産でクワ科のインドボダイジュ。種子から数珠を作るのに使われるのはホルトノキ科のジュズボダイジュ。シューベルトの歌曲「菩提樹」に登場するのはセイヨウボダイジュで、本種も含め、いずれも別種である。葉はハート形で基部がやや左右非対称になるのが特徴。裏面に細かい毛が密生する点が近縁のシナノキ（右ページ）との識別点となる。本種は葉だけでなく、枝や花、果実、冬芽に至るまで、とにかく毛が多いのが特徴。

シナノキ

縛る木。

【科木・級木】*Tilia japonica* アオイ科シナノキ属

樹高： 低木 小高木 **高木** 10〜20m　花期→果期： 1 2 3 4 5 **6 7** 8 9 **10** 11 12
分布：北海道〜九州

80%

不分裂 / 鋸歯 / 落葉 / 互生

葉先は長く伸びる。

裏　表

葉柄は長く、黄色く目立って見える。

基部はハート形にくぼみ、やや左右非対称。

葉脈の分岐に茶褐色の毛のかたまりがあり、それ以外は無毛。

冬芽は豆のような形。

樹皮　繊維質で耐水性もあり、布や和紙、縄の原料として利用される。

花　香りがよく、ハチミツも採れる。

果実　へら形の苞葉が目立つ。

　山地に生え、北日本に比較的多い高木で、公園樹や街路樹として植えられる。幹はまっすぐ伸びて直立した樹形になる。同属のボダイジュ（左ページ）と同じように蜜源植物で、香りのよい花からはハチミツが採れる。花の柄にへら形の苞葉がつき、種子が風に乗って遠くまで飛ぶのも共通の特徴。ボダイジュとは葉の裏の毛の違いで見わけられる。「シナ」とはアイヌ語で「縛る」という意味で、和名は樹皮が縄や布の原料として利用されることに由来する。

47

ミズメ

湿布薬の香りが特徴。

【水目・水芽】*Betula grossa*　カバノキ科カバノキ属　別名：アズサ、ヨグソミネバリ、ミズメザクラ

樹高： 低木　小高木　**高木**　15〜25m　花期→果期： 1 2 3 **4** 5 6 7 8 9 **10** 11 12
分布：本州〜九州

[原寸大]

鋸歯は三角形。
サクラ類に似るが
不揃い。

卵形で
葉先が
とがる。

表

かいでみよう

樹皮や枝はサリチル酸メチルを含み、湿布薬の香りがする。かつては木こりが疲れた身体に樹皮を貼って疲労回復に用いたという。最近では枝葉を蒸留して成分を抽出し、天然成分由来のマッサージオイルとして利用されることもある。枝に爪を立てて、この香りをかいでみよう。

　冷涼な山地に生え、カバノキ科の仲間では最大級になる高木。横に長い皮目が入る銀灰色の樹皮がサクラ類によく似ているので、ミズメザクラと呼ぶ地方もある。葉の形も似ているが、樹皮や枝はサリチル酸メチル（湿布薬や鎮痛剤に使われる）を豊富に含み、独特の香りがあるので識別できる。緻密でとても堅い材は家具や建材などに利用され、古代には材から「梓弓（あずさゆみ）」を作り神事に用いた。水状の樹液が出るのが名の由来。

ハンノキ

湿地を好む木。

【榛木】*Alnus japonica* カバノキ科ハンノキ属　別名:ハリノキ

樹高: 高木 10〜20m　花期→果期: 1 2 3 4 5 6 7 8 9 10 11 12
分布:北海道〜沖縄

80% 葉脈がよく浮き出る。

裏

鋸歯は小さく目立たない。

葉先は細長い。

細い卵形。

表

基部はくさび形で葉柄は長め。

樹皮 縦に裂ける。

　湿った環境を好み、湿地や川岸に生え、公園の水辺などにも植えられる。最近は開発や乾燥化によって湿地が減少しているので、身近な環境では見られなくなっているが、一方で耕作を放棄した水田などに生えている。松かさ状になる果実や、細長い花芽がほぼ一年中見られるのが本種の特徴だが、同属のヤシャブシ類やヤマハンノキも似ているので、樹皮や葉も確認して見わけよう。材は良質な木炭の材料として、タンニンを含む果実は染料として利用される。

つながっている生き物

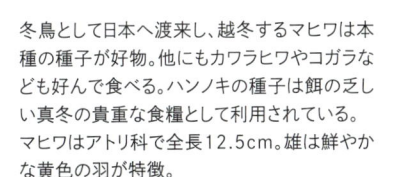

冬鳥として日本へ渡来し、越冬するマヒワは本種の種子が好物。他にもカワラヒワやコガラなども好んで食べる。ハンノキの種子は餌の乏しい真冬の貴重な食糧として利用されている。マヒワはアトリ科で全長12.5cm。雄は鮮やかな黄色の羽が特徴。

探してみよう

不分裂 / 鋸歯 / 落葉 / 互生

ダケカンバ

よくはがれる樹皮。

【岳樺】 *Betula ermanii* カバノキ科カバノキ属　別名：ソウシカンバ

樹高： 低木　小高木　■高木 10〜20m　花期→果期： 1 2 3 4 5 6 7 8 9 10 11 12
分布：北海道〜本州（近畿地方以北・四国）

原寸大

葉先が伸びる。

側脈は7〜12対。

鋸歯は不揃いの重鋸歯。

表

基部は円形かハート形。

やってみよう

　シラカバ（右ページ）の近縁種（きんえんしゅ）で、より高所に多く生えるのが名の由来。シラカバに似るが、樹皮は赤褐色で紙のように薄く、シラカバよりもよくはがれる点で見わけられる。はがれた樹皮に字を書いたり、色紙や表紙などに利用したのが別名のソウシカンバ（草紙樺）の由来。ただし、ときにシラカバのように白っぽい樹皮もあるので、葉もしっかり確認して確実に見わけたい。

樹皮

樹皮は赤褐色で、顕著にはがれる。はがれている樹皮に文字を書いてみよう。

シラカバ

さわやかな白い樹皮。

【白樺】 *Betula platyphylla* カバノキ科カバノキ属　別名：シラカンバ

樹高：低木　小高木　**高木**　10～20m　花期→果期：1 2 3 **4** 5 6 7 8 **9 10** 11 12
分布：北海道～本州（中部地方以北）

不分裂 / 鋸歯 / 落葉 / 互生

原寸大

鋸歯はところどころ
飛び出すことがある

側脈はダケカンバより
少なく5～8対。

表［黄葉］

表

基部はまっすぐで、
おむすびのような三角形。

　冷涼な山地に生え、北海道などの寒冷地では平地にも生える。樹皮は真っ白で高原やリゾートをイメージさせ、黒いへの字の模様が入るのが特徴。ヒメシャラ（73ページ）、アオギリ（206ページ）と並んで三大美幹木とされ、真っ白な幹と、新緑や秋の黄葉とのコントラストがさわやかで美しい。ダケカンバ（左ページ）と同じように樹皮ははがれやすく、細工物の材料として利用される。ほのかな甘味のある樹液は飲料にもされる。樹皮が赤っぽい個体や、白っぽいダケカンバもあるが、三角形の葉をしっかり見れば、間違えることはない。

樹皮

真っ白で、黒いへの字形の模様
（皮目）が入る。

シデ類

カバノキ科クマシデ属
Carpinus spp.

四手をぶら下げる三兄弟。

シデの名は、花や果実がしめ縄に飾る四手のような形をしていることに由来する。ここで紹介する代表的な3種の内、アカシデとイヌシデは雑木林を代表する木で身の周りに多く、クマシデは丘陵地や山地に多い。3種とも葉のふちの重鋸歯が目立つ。

🔍 樹皮・果実の比較

樹皮

クマシデ / イヌシデ / アカシデ

クマシデの樹皮にはみみず腫れのような模様が入る。アカシデはうっすら縦すじが入り、生長とともにごつごつしてくる。イヌシデははっきりした黒の縦すじが入り、ストライプが美しく、生長するにつれて交差して網目状になる。

果実

クマシデ / イヌシデ / アカシデ

クマシデはホップの実のようで違いは顕著。イヌシデとアカシデは似るが、種子を包んでいる苞の形が異なり、イヌシデは鋸歯が細かくだ円形、アカシデは鋸歯が粗くL字形をしている。シデ類の種子は野鳥のカワラヒワやシメが好み、冬季に食べる。

細長い形で葉先も長く伸びる。

側脈は多く20対前後あり、鋸歯のぎざぎざ感が強い。

表

90%

クマシデ

【熊四手】*Carpinus japonica*
カバノキ科クマシデ属

樹高： 低木 <u>小高木</u> 高木 10m前後
花期→果期： 1 2 3 <u>4</u> 5 6 7 8 9 <u>10</u> 11 12
分布：本州〜九州

3種の中で葉が最も大きく、細長い形で側脈が多い。果実が他2種と比べて顕著に太く、ビールの原料であるホップの実に似ていることや、樹皮のみみず腫れのような模様も見わけのポイント。他2種に比べて、特徴がはっきりしている。

> 3種とも重鋸歯のぎざぎざが目立つ。

葉先は短い。

表面に白い毛が生える。

葉先は細長く伸びる。

表面は無毛。

不分裂

鋸歯

落葉

互生

表

葉柄は短い。

表

葉柄が長め。

種子を食べるカワラヒワ。

イヌシデ　90%

【犬四手】*Carpinus tschonoskii*
カバノキ科クマシデ属　別名：ソロ、ソロノキ

樹高： 低木 小高木 高木 15m前後
花期→果期： 1 2 3 4 5 6 7 8 9 10 11 12
分布：東北地方南部〜九州

　葉は3種の中で最も幅が広い卵形。アカシデと似ているが、葉先が短いこと、毛があること、葉柄が短いことなどで見わけられる。樹皮にははっきりした縦すじが入り、しま模様が美しい。素直な円筒形に伸び、樹形はアカシデほどごつごつしない。秋には黄に色づく。

アカシデ　90%

【赤四手】*Carpinus laxiflora*
カバノキ科クマシデ属　別名：ソロ、シデノキ

樹高： 低木 小高木 高木 10m
花期→果期： 1 2 3 4 5 6 7 8 9 10 11 12
分布：北海道〜九州

　同属で花や若葉、紅葉が赤いのが和名の由来。葉はイヌシデに似るが、葉先が細長く伸びること、葉柄が長めなこと、葉の表面に毛がないことで見わけられる。樹皮は縦にうっすらとすじが入るが、イヌシデほどはっきりしない。樹形は生長するにつれてごつごつする傾向がある。

ハナイカダ

筏に乗った花と実。

【花筏】*Helwingia japonica* ハナイカダ科ハナイカダ属　別名：ママッコ、ヨメノナミダ

樹高： 低木 小高木 高木 　1〜3m　　花期→果期： 1 2 3 4 5 6 7 8 9 10 11 12
分布：北海道〜九州

原寸大

表面は光沢がある。

鋸歯は糸状で柔らかい。

側脈は弧を描いて伸びる。

表 [花がない葉]

表

主脈は基部から花（実）の位置までが太い。

花

4〜6月に咲き、雄花（左）雌花（右）は別。

果実

雌花が受粉すると果実になり、黒く熟す。通常1個だが、2〜3個つくこともある。

　丘陵地や山地の沢沿いなどに生え、葉の上に花が咲き、実がなるという、他に類を見ない珍しい特徴の木。花と実が乗る葉を筏にたとえたのが和名の由来。この特徴で容易に見わけることができるが、花や実がなかった場合は他の特徴を確認しよう。葉の表面には光沢があり、主脈は葉の上の花の位置までが太く目立ち、側脈は葉先のほうへ弧を描いて伸び、糸状で柔らかい鋸歯をもつ。若葉は山菜として食べることができ、あくがなくて美味。

ナツツバキ

夏に咲くツバキ。

【夏椿】 *Stewartia pseudocamellia* ツバキ科ナツツバキ属　別名：シャラノキ

樹高： 低木　小高木　**高木**　約15m　花期→果期：1 2 3 4 5 **6 7** 8 **9 10** 11 12
分布：東北地方南部〜九州

不分裂／鋸歯／落葉／互生

原寸大

葉先は短く出る。

鋸歯は低く、ゆるやかに丸みを帯びる。

葉脈がくぼむ。

裏

表

表でくぼんだ葉脈が浮き出る。

　ツバキ（122ページ）といえば冬に咲く花だが、本種は同じツバキ科で夏に花が咲くことが和名の由来である。生長するにつれて樹皮がはがれて橙褐色や薄い茶色のまだら模様になるのが特徴だが、同属のヒメシャラ（73ページ）をはじめ、リョウブ（28ページ）やサルスベリ（202ページ）など、似た特徴をもつ木は多いので、樹皮だけでは見わけるのが難しい。花が咲いていれば、リョウブやサルスベリとは見わけられるが、花以外の時期や花が似ているヒメシャラとの識別のためにも、しっかりと葉を見よう。

樹皮　なめらかで、生長するにつれてはがれ、まだら模様になる。

花　初夏に白い花が咲く。直径5〜6cmで、同属では最も大きい。

ツルウメモドキ

つるがリースに使われる。

【蔓梅擬】*Celastrus orbiculatus* ニシキギ科ツルウメモドキ属

樹高： 低木 小高木 高木 つる性　　花期→果期： 1 2 3 4 5 6 7 8 9 10 11 12
分布：北海道〜沖縄

70%

葉先は急に細くなり、小さく突き出る。

葉先に近い側と基部に近い側の両側で幅が最大になり、中央はややずん胴の樽形〜卵形。

表

裏

鋸歯は波形で不揃い。

基部はくさび形。

花

花は黄緑色で雌雄別。葉柄の根元から出る。左が雄花で右が雌花。

　山野の林縁や道ばたに生える。ウメモドキ（77ページ）に似ていて、つる性の木なのが和名の由来だが、ウメモドキはモチノキ科の低木で別の仲間である。卵形の葉は基部がくさび形で、鋸歯は不揃いの波形、葉先が小さく丸く出るのが特徴。秋に赤く熟す果実は生け花の花材として、つるはリースの材料として使われる。また、この果実は野鳥やテン、ニホンザルなど多くの生き物が食べる。

つながっている生き物

野鳥から大形の哺乳類まで多くの生き物が果実を食べる。

モモ モモもスモモも スモモもモモも。

【桃】*Amygdalus persica*
バラ科モモ属

樹高：低木 小高木 高木 5m前後
花期→果期：1 2 3 4 5 6 7 8 9 10 11 12
分布：中国原産

70%

細長い形で葉先がとがる。

ほぼ中央で幅が最大になる。

表

蜜腺は通常1〜2個。

果期以外に果樹をしっかりと見る機会はあまりないのではないだろうか。モモの果実はおなじみでも、どんな葉かは意外に知らないものだ。本種の最大の特徴はサクラ類と同じように、葉柄上にいぼ状の蜜腺(みつせん)があることだ。葉は細長い形で、ほぼ中央で幅が最大になり、葉先はとがる。

不分裂 / 鋸歯 / 落葉 / 互生

スモモ

【李・酸桃】*Prunus salicina*
バラ科スモモ属

樹高：低木 小高木 高木 5m前後
花期→果期：1 2 3 4 5 6 7 8 9 10 11 12
分布：中国原産

葉先は少しだけ出る。
葉先に近い方で幅が最大になる。

70%

表

蜜腺のいぼがふつう2個ついている。

　モモに比べて果実の酸味が強いのが名の由来。果実はモモよりも一足早く熟す。現在栽培されているソルダムなどの品種は江戸時代にアメリカに渡って品種改良されたものが里帰りしたもの。葉はモモに似るが小さく、葉先に近い方で幅が最大になる。

ヤナギ類　ヤナギ科ヤナギ属
Salix spp.

ヒレンジャク

表裏とも無毛。

細長く、中央で幅が最大になる。

線形で細く、細かい鋸歯がある。

葉柄はねじれる。

表 / 表 / 裏

柳葉包丁

タチヤナギ

【立柳】 *Salix triandra*
ヤナギ科ヤナギ属

樹高： 低木　小高木　高木　3〜10m
花期→果期：1 2 3 4 5 6 7 8 9 10 11 12
分布：北海道〜九州

河川の中・下流などに普通に見られ、よく繁茂する枝が上向きに伸びるのが名の由来。樹皮は不規則にはがれる。よく似ているジャヤナギの葉が基部側で幅が最大になるのに対して、本種は中央で最大になる。花の雄しべが3個1組なのも本種の特徴。

シダレヤナギ

【枝垂柳】 *Salix babylonica*
ヤナギ科ヤナギ属　別名：イトヤナギ

樹高： 低木　小高木　高木　15m前後
花期→果期：1 2 3 4 5 6 7 8 9 10 11 12
分布：中国原産

全国の水辺に植えられ、ヤナギの総称で呼ばれる。中国原産。日本に自生するヤナギでしだれる種類はない。細長い線形の葉が特徴的で、細身の刺身包丁を柳葉包丁というのはこの葉の形に似ていることに由来している。花や新芽をヒヨドリが好んで食べ、まれに旅鳥のヒレンジャクが来て食べることもある。

水辺を象徴する樹木。

　ヤナギの名から連想するのは水辺に植えられ、大きくしだれるシダレヤナギだろう。シダレヤナギは中国原産で、各地に植えられ、一部が野生化している。日本に自生するヤナギ属は約30種ある。ヤナギ類はいずれも水辺を好み、綿毛がついている種子が風に乗って舞い、水面に落ちると発芽する共通の特徴をもつ。雑種が多いこともあり識別は難しい。

不分裂 / 鋸歯 / 落葉 / 互生

【裏】【表】

ほぼ中央で幅が最大になり、細かい鋸歯がある。

全般に細身のヤナギ類の葉としては丸みがあり、表面はなめらか。

葉柄には蜜腺と鋸歯のある円形の托葉がある。

葉脈が弧を描く。

表裏とも毛が多い。

大きい托葉がある。

マルバヤナギ　70%

【丸葉柳】 *Salix chaenomeloides*
ヤナギ科ヤナギ属　別名:アカメヤナギ

樹高: 低木 小高木 **高木** 5〜20m
花期→果期: 1 2 3 4 **5 6** 7 8 9 10 11 12
分布:東北地方南部〜九州

　その名の通り、葉は丸みがあり、葉柄に蜜腺があるのと、円形でぎざぎざの鋸歯のある托葉がつくのが特徴。ヤナギ属では花が咲くのが最も遅く、東京で5月頃。新葉が赤いのが別名のアカメヤナギの由来。樹液にカブトムシなどがよく集まる。

ネコヤナギ　70%

【猫柳】 *Salix gracilistyla*
ヤナギ科ヤナギ属　別名:タニガワヤナギ

樹高: **低木** 小高木 高木 0.5〜3m
花期→果期: 1 2 **3 4 5** 6 7 8 9 10 11 12
分布:北海道〜九州

　ヤナギ属の中でも特に水際を好み、増水すると水をかぶってしまうような場所に生える。早春に、葉が出る前に花が咲き、春の訪れを告げる。この銀色の花の姿が和名の由来で、猫の尻尾に似ているからとも、猫が背中を丸めているようだからともいわれる。花は花材としてよく使われる。

ムクノキ

鳥たちに大人気の木は、葉がざらざら。

【椋木】*Aphananthe aspera* アサ科ムクノキ属 別名：ムク、モク、ムクエノキ、モクエノキ

樹高： 低木 小高木 **高木** 15〜20m 花期→果期： 1 2 3 **4 5** 6 7 8 9 **10** 11 12
分布：関東地方〜沖縄

原寸大

葉先は細長く伸びる。

鋸歯が高いのがケヤキに似るが、波形の曲線ではなく、直線的で角ばる。

細身の水滴形。

表

基部は3本に分かれる。

びっしり毛が生え、ざらつく。

裏

触ってみよう

短く硬い毛が多く生え、ざらつく。触ってみると、やすりとして使われていたという話に納得できる。見わけの答え合わせになるが、ケヤキやハルニレもざらつくので注意。

山野や雑木林、公園などに多く生え、幹がまっすぐ伸びて枝を広げ、ケヤキ（62ページ）のように美しい樹形になる。春、他の木々がまばゆい新緑で森を彩る中、一歩遅れて芽吹く。葉はやや細身の水滴形で、表裏とも堅い毛が多く顕著にざらつくのが特徴で、この木の見わけの決め手となる。ざらつく葉はかつて、やすりとして使われていた。樹皮は若い内は白っぽく、縦に細かい線が入り、地が橙色に見えることが多い。老木になると短冊状によくはがれ、見わけのポイントとなる。秋に黒く熟す、ビー玉大の果実は食べることができ美味。果実はツグミやアカハラなど多くの野鳥の好物で、秋の渡りや越冬の重要な食糧源となっている。

不分裂 / 鋸歯 / 落葉 / 互生

樹皮（若木）
白っぽく、細い縦線が交差しながら入る。地は橙色に見える。

樹皮（老木）
生長すると、短冊状にはがれる。

花
4～5月に葉が伸びるのと同時に咲くが、あまり目立たない。

食べてみよう

鳥たちを支える果実は、干しブドウかアンズ、あるいは干し柿のような味がして、私たちが食べてもおいしい。食べて確かめてみよう。昔は子供がおやつとしてよく食べた。

つながっている生き物

秋に果実が黒く熟すと、森のレストランの開店。一年中いるヒヨドリやキジバトをはじめ、季節移動中のマミチャジナイ、クロツグミ、トラツグミなどの野鳥が次々に訪れては実を食べる。その後は冬鳥のアカハラ、シロハラ、ツグミもやってくる。樹上の実がなくなった後、冬鳥は地上に落ちた実を食べて、食糧の乏しい冬場をしのぐ。ムクドリが実を好むのが名の由来とされるが、ムクドリだけでなく多くの種の鳥が実を食べる。
シロハラはヒタキ科で全長24cm。アカハラよりも腹部が白っぽい。
アオバトはハト科で全長33cm。雌雄とも黄緑色の羽が目立つ。

シロハラ
アオバト

ケヤキ

扇形の美しい樹形。

【欅】 *Zelkova serrata* ニレ科ケヤキ属　別名：ツキ

樹高：低木　小高木　**高木**　20m以上　　花期→果期：1 2 3 **4 5** 6 7 8 9 **10** 11 12
分布：本州〜九州

原寸大

鋸歯は曲線的な波形。

細かい毛がまばらに生え、ざらつく。

ムクノキと同じようにざらつく。

毛は見えないが、ざらつく。

葉柄は1cm以下で短い。

表／裏

　日本の代表的な落葉広葉樹で、公園樹や街路樹として多く植えられている。屋敷林には大木が生えていることが多いが、本来は丘陵や山地の谷沿いなどに自生している。樹形の美しさは日本産の樹木の中ではトップクラスで、幹をまっすぐ伸ばし、枝を扇形に広げた姿が美しい。最近は、樹形が広がらないのでスペースをとらず、管理しやすい「ムサシノ」などの品種が植えられることもある。樹皮はなめらかで裂けず、うっすら青みを帯びた灰色で美しいが、老木になるとうろこ状にはがれる。葉は形や大きさがムクノキ（60ページ）と似ていて、ざらつく特徴も共通だが、本種の鋸歯は波形の曲線なので見わけられる。秋の紅葉は赤、橙、黄、茶と色彩が豊かで美しく、味がある。

樹皮(成木)
青味を帯びた銀灰色で裂けずになめらか。

樹皮(老木)
老木になるとうろこ状にはがれる。

果実
目立たない果実は、枝ごと落ちて風に乗る。

不分裂

鋸歯

落葉

互生

見てみよう

樹形
まっすぐ伸びた幹から枝が扇状に広がる優雅な姿。ほうきをひっくり返したような樹形という形容もされる。

63

エノキ

昆虫から野鳥まで、多くの生き物を育む樹木。

【榎】 *Celtis sinensis* アサ科エノキ属

樹高： 低木 小高木 **高木** 15〜20m 花期→果期： 1 2 3 **4 5** 6 7 8 **9** 10 11 12
分布：本州〜九州

原寸大

葉先からふちの途中までしか鋸歯がない。

表

葉脈は基部から3本に分かれる。

裏

樹形
低い位置で枝分かれすることが多い。

64

雑木林や川原などに生え、公園にも植えられる落葉高木。ケヤキ（62ページ）と同じように、屋敷林に大木が生えていることがある。幹はややくねって伸び、低い位置で枝分かれし、横に広がってこんもりとした樹形になることが多い。樹皮はざらざらしていて、老木になると横方向にしわが入り、まるで象の鼻のよう。やや厚みがあって深い緑色の葉は、基部から葉脈が3本に分かれる三行脈で、ムクノキ（60ページ）やシロダモ（140ページ）、クスノキ（142ページ）なども同様の特徴がある。ふちにも特徴があり、葉先から途中までしか鋸歯がない。葉はいろいろな昆虫の食草（餌）であり、果実は多くの野鳥に好まれ、秋冬の食糧源になる。多くの生き物を育む樹木である。

不分裂

鋸歯

落葉

互生

食べてみよう

果実は食べることができ、甘味があっておいしい。ばらばらに熟すので、熟しはじめの頃は緑、黄、橙、赤の実が混在してカラフルである。

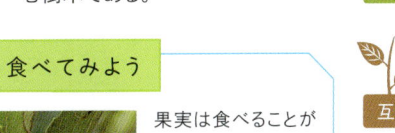

樹皮
よくざらつき、裂けない。横方向にしわが入る傾向があり、老木の根元近くの樹皮は象の鼻のように見える。

つながっている生き物

果実はキジバトやアオバトをはじめ、夏鳥のオオルリやキビタキ、冬鳥のツグミやシロハラなどが好んで食べ、食べ残されて固くなった実はイカルやシメなどが食べる。樹上に実がなくなると、鳥たちは地上で落ち葉をひっくり返して落ちた実を見つけて食べ、餌の乏しい冬場をしのぐ。
ツグミはヒタキ科で全長24cm。地上を歩き、胸を張るような仕草をするのが特徴。

葉は国蝶のオオムラサキやゴマダラチョウ、ヒオドシチョウなどの蝶の幼虫や、タマムシの食草（餌）である。

実を食べるツグミ。

真夏に木の上の高いところをタマムシが飛び回ることがある。

ウメ

梅にウグイス？

【梅】 *Armeniaca mume*　バラ科アンズ属

樹高： 低木　小高木　高木　3〜6m
分布：中国原産

花期→果期： 1 2 3 4 5 6 7 8 9 10 11 12

90%

卵形〜倒卵形で葉先近くで急に
狭くなり、葉先は細長く伸びる。

裏

表

葉脈に毛が多い。

葉柄は赤い
ことが多い。

全国に植えられ栽培されているおなじみの果樹で、日本的なイメージがあるが、もともと日本に自生する樹木ではなく中国原産。はるか昔、奈良時代に渡来したという。暗い灰色の樹皮は不規則に裂け、幹は低い位置で枝分かれし、くねった樹形になる。2〜3月頃、サクラより一足先に花を咲かせると、芳香に誘われてオリーブ色の鳥が群れで訪れる。この鳥はメジロで、花の蜜をなめにくるのだが、しばしばウグイスと取り違えられる。梅に鶯（うぐいす）という言葉があること、うぐいす餡が緑色であること、メジロが梅林に来ているときにウグイスが周囲のやぶでさえずっていることなどが理由である。

樹形

樹皮は黒っぽく、幹や枝はくねる。

花

花にくる、羽がオリーブ色の鳥はウグイスではなくメジロ。眼の周囲が白いのが和名の由来。メジロ科、全長12cm。

ウグイスの羽は褐色。メジロと異なり、花の蜜をなめないので、偶然とまる以外は花にくることはない。ウグイス科、全長13.5〜15cm。

ヤマブキ

緑色の枝と山吹色の花。

【山吹】 Kerria japonica　バラ科ヤマブキ属

樹高： 低木　小高木　高木　2m
分布：北海道南部～九州

花期→果期： 1 2 3 4 5 6 7 8 9 10 11 12

不分裂 / 鋸歯 / 落葉 / 互生

原寸大

ふちは重鋸歯でぎざぎざ。

表

裏

枝は緑色。

葉脈が基部から3本に分かれる。

　山野の沢沿いなどに生え、公園樹や庭木として植えられ、植込みなどにされる。春に咲く鮮やかで濃い黄色の花は「山吹色」の語源になり、春の季語にもなった。花弁はふつう5枚だが、しばしば6～7枚の花もあり、八重の品種、ヤエヤマブキもある。細い水滴形で鋸歯がぎざぎざの葉は、葉脈が基部から3本に分かれ、ムクノキ（60ページ）の葉に似るが、枝が緑色という点を確認すれば、花期以外でも見間違えることはない。枝の髄はスポンジ状で、顕微鏡で観察するために、もろい素材を薄切りする際に使われる。

花：山吹色の語源になった鮮やかで濃い黄色の花が美しい。

花：花弁が八重なのはヤエヤマブキという品種。

ハナカイドウ

淡紅色の眠れる花。

【花海棠】 *Malus halliana* バラ科リンゴ属　別名:カイドウ

樹高: 低木 小高木 高木　5m前後　花期→果期: 1 2 3 4 5 6 7 8 9 10 11 12
分布:中国原産

原寸大

狭卵形で
質感は堅い。

鋸歯は小さい。

表

裏

葉柄は1〜2cm
で長め。

軟毛がある。

　中国原産の落葉小高木で、観賞用に植えられる。江戸時代に渡来したとされる。春に淡紅色の花が枝先から垂れ下がって咲く姿が妖艶だとして、中国では「睡花（眠れる花）」の異名を持つ。これは中国の唐の時代に皇帝玄宗が絶世の美女、楊貴妃を呼んだ際、眠りから覚めきらない様子が艶やかで美しかったのを、この花に例えた故事にちなむ。秋に熟す果実は小さなリンゴのようだが、雌花が退化しているので結実するのはまれである。

花

直径約3〜3.5cmの淡紅色の花が、枝先から数個垂れ下がる。

カリン

おいしそうなのに、食べられない果実。

【花梨】 *Pseudocydonia sinensis* バラ科カリン属

樹高：低木 小高木 **高木** 6〜10m 花期→果期：1 2 3 **4 5** 6 7 8 9 **10 11** 12
分布：中国原産

原寸大

不分裂 / 鋸歯 / 落葉 / 互生

細かくぎざぎざの鋸歯は明るく、葉をふちどっているように見える。

裏：つやがあり、網脈が目立つ。

表：光沢があり、質感は堅い。

中国原産の果樹で平安時代に渡来したとされる。冷涼な気候を好み、東北や甲信越地方で多く栽培され、庭木にされる。緑色が入るまだら模様の樹皮が特徴。葉は光沢があり、堅い質感。10〜15cmほどの果実は秋に黄色く熟し、おいしそうに見えるが、堅くて生では食べられないので、果実酒やジャムにする他、咳止め薬に利用される。

樹皮：緑、橙、褐色のまだらになり、成木では縦にうねが入る。

果実：おいしそうに見えるが、生では食べられない。

ボケ

花が美しく、果実酒に最適な木。

【木瓜】 *Chaenomeles speciosa*　バラ科ボケ属　別名：カラボケ

樹高：低木　1〜2m　花期→果期：3 4　7 8
分布：中国原産

原寸大

へら形で、鋸歯は低く鋭い。

網状の模様が目立つ。

表

裏

基部に大きな托葉(たくよう)がつくことがある。

短枝にとげがある。

裏
[托葉]

　中国原産で日本全国に植えられている。花が美しく、観賞用に庭木や公園樹にされ、多くの園芸品種がある。東洋錦という品種は同じ木に赤い花と白い花が咲き美しい。へら形の葉が束状につき、短かい枝にとげがあるのが特徴。漢名の「木瓜」はウリのような果実をつけることに由来し、夏に10cmほどのだ円形の果実が黄色く熟す。果実酒として利用され、疲労回復に効果がある。

花
葉が出る前に咲き、品種によって花色は様々。一本の木に異なる色の花がつく品種もある。

果実
そのままでは食用にならず、果実酒にする。

樹形
細い幹を複数出した株立ちの樹形になる。高さは2mくらいまで。

アメリカザイフリボク　6月に熟す、おいしい果実。

【亜米利加采振木】*Amelanchier canadensis*　バラ科ザイフリボク属　別名：ジューンベリー

樹高： 低木　小高木　高木　10m
花期→果期：1 2 3 4 5 6 7 8 9 10 11 12
分布：北米原産

不分裂／鋸歯／落葉／互生

原寸大

小判のようなだ円形で、やや葉先側で幅が最大になり、葉先は出ない。

北米原産で庭木や公園樹として植えられる。幹は曲がって伸び、枝が広がる樹形。春に白い花が咲き、6月頃に果実が黒紫色に熟すことから、ジューン（June＝6月）ベリーの別名で呼ばれる。果実は甘くくせがないので、生で食べることができ、ジャムの材料に使われるなど人気がある。果実は鳥たちにも人気があり、木の前で待っていると、スズメやカワラヒワ、ムクドリなど、いろいろな種類の野鳥がやって来ては食べ、あっという間に食べ尽くしてしまう。

表

鋸歯は小さいが鋭く、葉先から基部のほうに指を滑らすと引っかかる。

葉柄は長めで2〜3cm。

樹形：やや横に広がる樹形。

果実：スズメ、カワラヒワ、ムクドリ、キジバトなどの野鳥が好んで食べる。

ザイフリボク

【采振木】*Amelanchier asiatica*
バラ科ザイフリボク属　別名：シデザクラ

樹高： 低木　小高木　高木　5〜10m
花期→果期：1 2 3 4 5 6 7 8 9 10 11 12
分布：東北地方南部〜九州

同属の国産種で雑木林や尾根などに生える。アメリカザイフリボクと異なり、果実は秋に熟す。花の姿を、戦で指揮を執る采配(さいはい)に見立てたのが和名の由来で、玉串につける四手(しで)に見立てたのが別名の由来。

やや細いだ円形で葉先はとがる。

原寸大

表

サワフタギ

沢をふさぐ瑠璃色の実の牛殺し?

【沢蓋木】 *Symplocos sawafutagi* ハイノキ科ハイノキ属　別名：ルリミノウシコロシ

樹高： 低木　小高木　高木　5m前後
花期→果期： 1 2 3 4 5 6 7 8 9 10 11 12
分布：北海道〜九州

　山地の沢沿いや尾根などに生え、沢をふさぐように生えるのが和名の由来。倒卵形の葉はカマツカに似ているが、葉脈がくぼみ、毛が多い。やや丸い円形の果実は秋に瑠璃色（るりいろ）に熟し、目立つ。別名がウシコロシのカマツカに葉が似ていて、実が瑠璃色なのが別名の由来。

90%

鋸歯は細かいが、カマツカほど揃わない。

葉脈が浮き出る。

表

裏

倒卵形（とうらんけい）で、基部はくさび形。

葉脈のくぼみが目立つ。

果実

触ってみよう

表面は針状の毛でざらつき、裏面は柔らかい毛が多くふさふさする。

カマツカ

【鎌柄】 *Pourthiaea villosa*
バラ科カマツカ属　別名：ウシコロシ

樹高： 低木　小高木　高木　5〜7m
花期→果期： 1 2 3 4 5 6 7 8 9 10 11 12
分布：北海道〜九州

　山地や里山に生え、公園にも植えられる。材が堅くて丈夫なので、鎌の柄に使われたのが和名の由来。ウシコロシの別名は、牛の鼻輪に使われたことに由来する。倒卵形の葉はサワフタギによく似るが、表面に毛がないことで識別できる。果実は赤く熟し、柄にいぼ状の皮目が出るのが特徴。

90%

鋸歯は細かく鋭く、サワフタギより揃う。

表

裏

表面に毛はない。

果実

葉脈の凹凸は目立たない。

倒卵形（とうらんけい）で基部はくさび形。

ヒメシャラ

橙色の美しい樹皮。

【姫沙羅】 *Stewartia monadelpha* ツバキ科ナツツバキ属

樹高： 低木 小高木 **高木** 10〜15m　花期→果期： 1 2 3 4 **5** 6 7 8 **9 10** 11 12
分布：関東地方〜九州

不分裂 / 鋸歯 / 落葉 / 互生

原寸大

葉先が細長くとがる。

鋸歯は低く、曲線を描く。

葉脈は目立たない。

表

樹皮
細かくはがれ、橙色を基調とした美しいまだら模様になる。

花
ナツツバキに似た白い花だが、直径2cm前後と小さい。

樹姿
一本立ちし、樹皮の橙色が美しく目立つ。

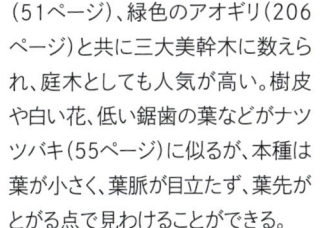

　冷涼な山地に生えることがあり、関東では伊豆や箱根に多い。橙色の樹皮が美しく、樹皮が白いシラカバ（51ページ）、緑色のアオギリ（206ページ）と共に三大美幹木に数えられ、庭木としても人気が高い。樹皮や白い花、低い鋸歯の葉などがナツツバキ（55ページ）に似るが、本種は葉が小さく、葉脈が目立たず、葉先がとがる点で見わけることができる。

エゴノキ

鳥たちは毒のある果実がお好き？

【萵苣木】 *Styrax japonica* エゴノキ科エゴノキ属　別名：チシャノキ

樹高： 低木 | 小高木 | 高木 　5〜10m　　花期→果期： 1 2 3 4 5 6 7 8 9 10 11 12
分布：北海道南部〜沖縄

原寸大

ふちが波打つことが多い。

鋸歯は鈍く、まれに全縁の葉も出る。

表

丸みを帯びたひし形。

裏

裏と葉柄には星状毛がある。

樹皮 暗い黒紫色でなめらか。縦にしわが入ることが多い

花 花冠が5つに深く裂けた白い花が下向きに咲く。

果実 緑灰色で球形の果実がたくさんぶら下がり、秋に熟すと果皮が裂けて、種子が出てくる。

身近な里山に生え、雑木林を代表する木の一つ。公園樹や庭木にもされ、株立ち樹形になることが多い。樹皮は暗い紫色で黒っぽく見えることが多く、通常は裂けずになめらかだが、縦にしわが入ることが多い。葉はひし形に近い形で鋸歯は鈍く、全縁の場合もある。葉は昆虫のオトシブミ類の食草（幼虫の餌）となっているので、葉が展開した後は揺籃（ようらん）がぶら下がるのを見つけることができる。5〜6月頃に下向きの白い花が満開に咲き、花が終わった後は雪が降ったように地面を真っ白に彩る。初夏に鈴なりにぶら下がる緑灰色の球形の果実は、果皮に有毒成分が含まれ、口に含むとえぐい。これが和名の由来。葉の見わけで迷っても、この果実と樹皮を併せて確認すれば確実に見わけられる。

不分裂
鋸歯
落葉
互生

やってみよう

エゴノネコアシ

【石けんづくり】果皮の有毒成分はエゴサポニンといい、かつて石けんとして利用された。果皮をすりつぶして手を洗ってみよう。水に入れて振ると白濁して泡立ち、石けん水になる。ムクロジ（274ページ）も果皮にサポニンを含み、同じように石けん代わりになる。

冬芽にエゴノネコアシアブラムシが寄生すると、緑白色の虫えいができる。形がネコの足のようなので、エゴノネコアシという通称で呼ばれる。

つながっている生き物

探してみよう

果実は果皮に毒があるが、この種子は野鳥のヤマガラ（シジュウカラ科）の大好物である。秋になると熟した果実にぶら下がり、せっせと運んでは器用に果皮をむいて種子を食べる。食べずに樹皮の隙間などに埋め込む行動も見られるが、これは冬に備えての貯食行動である。キジバト（ハト科）もエゴノキを好むが、果実ごと丸呑みしてしまう。ヤマガラはシジュウカラ科で全長14cm。堅い種子を器用に押さえ、くちばしでつつき割って食べる。

ナツハゼ

夏の真っ赤な紅葉が名の由来。

【夏櫨】 *Vaccinium oldhamii* ツツジ科スノキ属

樹高： 低木 小高木 高木 1〜3m　花期→果期： 1 2 3 4 5 6 7 8 9 10 11 12
分布：北海道〜九州

原寸大

鋸歯はごく小さく糸状。

表面に毛があり、ざらつく。

表

裏

葉柄は3mm以下と短い。

葉脈上に毛がある。

　山地の日当たりのよい環境に生え、やせた土地を好む。幹の根元近くから枝分かれし、株立ちの不規則な樹形になる。淡い赤褐色のつり鐘形の花を下向きに多数つけ、黒く熟した果実は食用になる。条件によって、夏に真っ赤に紅葉することがあり、それをウルシ科のハゼノキ（278ページ）の紅葉に見立てたのが和名の由来である。

食べてみよう

ブルーベリーの仲間なので果実は食用になり、甘酸っぱい。

花

淡い赤褐色のつり鐘状の花が穂になる。

アオハダ

はがすと現れる、緑色の樹肌。

【青膚・青肌】 *Ilex macropoda*　モチノキ科モチノキ属

樹高： 低木　小高木　**高木** 5〜15m　花期→果期： 1 2 3 4 **5 6** 7 8 **9 10** 11 12
分布：北海道〜九州

不分裂／鋸歯／落葉／互生

90%

鋸歯は浅い曲線的で、ところどころ内側を向くことがある。

　山地や里山に自生。葉は葉脈がくぼむのが特徴で、短い枝では3〜4枚が束になってつく。灰白色のなめらかな樹皮は爪で簡単にはがれ、緑色の内皮が見える。これが和名の由来で、ミドリハダといわないのはアオキと同じように、日本語では緑を青と表現してきたからである。材は器具や細工物に使われ、葉を茶の代用にすることがある。秋に真っ赤に熟す果実をツキノワグマが好むという。

裏／表

葉脈がくぼむ。

表でくぼんだ葉脈が浮き出す。

淡い緑色で光沢がある。

見てみよう

樹皮は爪で簡単にはがれる。少しだけむいて、内皮の青肌をみてみよう。

ウメモドキ

【梅擬】 *Ilex serrata*
モチノキ科モチノキ属

樹高： 低木　小高木　高木 2〜3m
花期→果期： 1 2 3 4 5 **6** 7 8 **9 10** 11 12
分布：本州〜九州

　山野の湿地などに生えるが少ない。真っ赤な実をたくさんつけるので庭木や盆栽、生け花にされる。果実はたわわに実り、落葉後も枝に残る。花は雌雄別で、薄い紫色。雌花は雌しべが発達している。樹皮は灰褐色でなめらか。葉がウメ（66ページ）に似ているのが和名の由来というが、あまり似ていない。

やや細い卵形で、葉先の伸び方を含め、ウメには似ていない。

表

90%
表面に毛があり、ふさふさする。

小さくて鋭い鋸歯。

裏

葉脈上に毛がある。

ナツメ

夏に芽を出す栄養豊富な果樹。

【棗】 *Ziziphus jujuba* クロウメモドキ科ナツメ属

樹高： 低木 小高木 高木 5〜10m　花期→果期： 1 2 3 4 5 6 7 8 9 10 11 12
分布：中国原産

原寸大

鋸歯は鈍く不揃い。

表

卵形で光沢が強く、3本の葉脈が目立つ。

裏

樹皮
縦に裂け、老木では大きくはがれる。

花
本種は蜜源植物の一つで、上質なはちみつが採れる。

食べてみよう

果実は甘く、ビタミンとミネラルが豊富で、利尿強壮の薬効もある。食べてみよう。

　中国原産の果樹で庭木にされる。短い枝には小枝が束になって生え、光沢があって三行脈の目立つ葉が互生する。長い枝にはとげがある。初夏、葉の基部に黄と緑色からなる花が連なるように咲く。2cm前後の球形の果実は秋にえんじ色に熟し、生食にする他、干して食べてもおいしい。本種は芽が出る時期が遅く、初夏に芽を出すのが和名の由来である。

アキニレ

細かくはがれるまだらの樹皮。

【秋楡】 *Ulmus parvifolia* ニレ科ニレ属　別名：イシゲヤキ

樹高： 低木　小高木　**高木**　5〜15m　　花期→果期： 1 2 3 4 5 6 7 8 **9** 10 **11** 12
分布：中部・東海地方〜九州

不分裂 / 鋸歯 / 落葉 / 互生

原寸大

ハルニレと同じ左右非対称。互いに葉が重ならない利点があると考えられる。

鋸歯は山形。

光沢があり、堅い。

表

側脈のつけ根にかたまって毛がある。

裏

樹皮
うろこ状によくはがれ、橙色や褐色、薄緑色が混ざった、まだら模様になる。

果実
葉が落ちるまではあまり目立たない。

つながっている生き物

冬にアキニレのそばを歩くと、粉のようなものが、はらはらと降ってくることがある。樹上でマヒワやカワラヒワがアキニレの種子を食べているのだ。自然観察では五感を研ぎすまして、こうしたフィールドサインに気づきたい。
マヒワはアトリ科で全長12.5cm。

🔍 **探してみよう**

種子を食べるマヒワ。

　自生は暖かい地方の川原や海岸で、公園樹や街路樹として植えられる。樹皮が細かく、よくはがれるのが特徴で、樹皮だけで本種とわかる。常緑樹のように堅く光沢のある葉は高木にしては小さく、同属のハルニレ（36ページ）と同じように非対称の形をしている。秋に花が咲くのが和名の由来。果実は丸く薄い翼形で中央に種子があり、カワラヒワやマヒワなどのアトリ科の野鳥が食べる。

ブルーベリー

夏に熟す、甘酸っぱい果実。

Vaccinium spp.　ツツジ科スノキ属

樹高：[低木] 小高木 高木　1〜2m
分布：北米原産

原寸大
表
やや細い卵形。
光沢があり、やや肉厚。
葉柄が極端に短い。
裏

　ブルーベリーは北米原産の数種の低木の総称で、野生種のロープッシュブルーベリー、栽培品種のハイブッシュブルーベリー、ラビットアイブルーベリーなどがある。里山の果樹畑や庭木として植えられる。国内に本格的に導入されたのは1960年代後半で、東京都小平市が商業的な栽培発祥の地とされている。葉は葉柄が極端に短いのが日本産のスノキ属の他種と共通の特徴。黒紫色の果実は夏に熟し、甘酸っぱくておいしい。生食の他、お菓子やジャムなど幅広い用途に利用される。

甘酸っぱく、お菓子作りの材料として好適。
果実

スノキ

【酸木】 *Vaccinium smallii*
ツツジ科スノキ属　別名：コウメ

樹高：[低木] 小高木 高木　1〜2m
花期→果期：1 2 3 4 [5] [6] 7 [8] 9 10 11 12
分布：関東地方〜四国

　山地に点々と生える。黒く熟す果実だけでなく、葉をかむとすっぱいのが和名の由来で、これはよく似たウスノキとの識別点になる。細かい鋸歯のある葉は変異が大きいが、葉柄が短い点を確認したい。

食べてみよう
葉と果実、どちらも試してみよう。

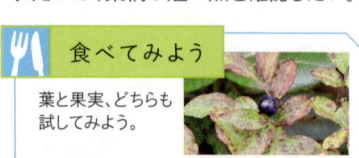

原寸大
表
葉の変異が大きい。
鋸歯は細かい。
葉柄が極端に短い。

ドウダンツツジ

春の野に輝く満天星。

【満天星躑躅・灯台躑躅】 *Enkianthus perulatus* ツツジ科ドウダンツツジ属

樹高：低木 小高木 高木 1～2m　花期→果期：1 2 3 4 5 6 7 8 9 10 11 12
分布：関東地方～九州

不分裂／鋸歯／落葉／互生

原寸大

倒卵形で細かい鋸歯がある。

5枚前後、車輪状につくことが多い。

表

枝はまっすぐ伸びる。

表［紅葉］

紅葉

カエデ科やウルシ科の紅葉に勝るとも劣らない美しさ。

　山地の岩場などに自生する野生の個体にはなかなかお目にかかれないが、公園樹、庭木、生け垣として全国で広く植えられている。春にスズランのような下向きの小さな白い花を一斉に咲かせる様子が星空のようなのが、漢字名の満天星の由来。5枚前後の葉を車輪状につけることを繰り返して枝葉を伸ばす。春の花もいいが、秋の紅葉も木全体が赤く染まって実に美しい。

つながっている生き物

　下向きで入り口のすぼまった花の形は、蜜に到達できる昆虫を限定し、ハナバチの仲間などを選択している。ハナバチの仲間は気まぐれにいろいろな花に行くのではなく、一度決めたらせっせと同じ花と巣を往復する律義者なので、送粉の確実性が高まると考えられる。

花

シモツケ

下野国で最初に発見された、花が美しい木。

【下野】*Spiraea japonica* バラ科シモツケ属　別名：キシモツケ

樹高： 低木 ／ 小高木 ／ 高木　1m前後　　花期→果期： 1 2 3 4 **5 6 7 8 9 10** 11 12
分布：本州〜九州

原寸大

葉先はとがる。

ふちは不揃いな重鋸歯。

表　　裏

淡緑色で網目状の葉脈が目立つ。

　山地の日当たりのよい場所に生え、庭木や公園樹として植えられる。下野の国（現在の栃木県など）で最初に自生種が発見されたのが和名の由来。木にしては花が美しいので、盆栽や切り花に使われる。葉は細身の水滴形で、細い葉や丸い葉など変異が多い。鋸歯は粗く角ばり、不揃い。花は同じバラ科の草、シモツケソウに似ているが、シモツケソウは葉が分裂葉なので、葉で明確に見わけられる。

花：直径5mm前後の花が多数咲き、薄紅、紅、濃紅、白と花色に変化があって美しい。

果実：5個集まった袋状で、秋に熟すと開く。

ユキヤナギ

早春のしだれ雪。

【雪柳】 *Spiraea thunbergii* バラ科シモツケ属　別名：コゴメバナ

樹高： 低木 　小高木　高木　1〜2m　花期→果期： 1 2 3 4 5 6 7 8 9 10 11 12
分布：東北地方南部〜九州

原寸大

葉先は鋭くとがる。

揃わず、ばらつく。

表

ふちの途中から葉先にかけて、鋭く細かい鋸歯がある。

裏

基部はくさび形。

渓谷沿いの岩場などに自生し、公園樹や庭木として植えられる。春、シダレヤナギのように垂れた枝に小さく白い花がびっしりと咲き、まるで雪が降り積もっているように美しい。これが和名の由来で、葉もヤナギ類に似ている。また、小さく白い花が集まるのを小米（割れた米粒）に見立て、別名がつけられた。

不分裂 / 鋸歯 / 落葉 / 互生

花

しだれる枝にびっしりと咲き、まるで雪が降り積もったよう。

コデマリ

【小手毬・小手鞠】 *Spiraea cantoniensis*
バラ科シモツケ属　別名：テマリバナ

樹高： 低木 　小高木　高木　1〜2m
花期→果期： 1 2 3 4 5 6 7 8 9 10 11 12
分布：中国原産

庭木や公園樹として植えられる。白い小花が球状に集まって咲き、小さな手まりのようなのが和名の由来。中国原産だが、江戸時代初期にはすでに渡来していて、小手毬と呼ばれていたという。花の重みで枝はしだれる。葉はユキヤナギよりも幅が広く、鋸歯は粗い。

表面の色はやや明るい。

原寸大

表

葉の途中から葉先にかけて、粗い重鋸歯になる。

ムクゲの不分裂葉に似ているが、小さい。

裏

花

球状に集まった花を、小形の手まりに見立てた。

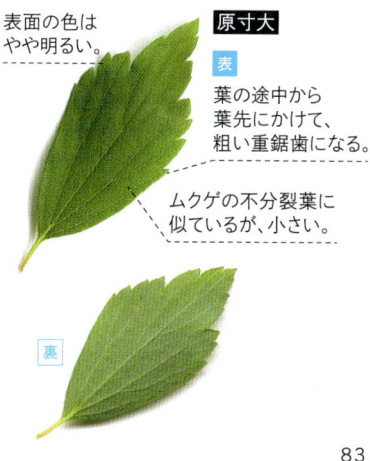

83

オオカメノキ

丸い葉はカメの甲羅？

【大亀の木】 *Viburnum furcatum* レンプクソウ科ガマズミ属　別名：ムシカリ（虫狩）

樹高： 低木 小高木 高木　2〜5m　　花期→果期： 1 2 3 4 5 6 7 8 9 10 11 12
分布：北海道〜九州

60%

大きな円形。葉先は少し出る。

鋸歯は小さく、不揃い。

花
ガクアジサイに似た形の、白い装飾花がある。

果実
赤あるいは黒の果実が上向きにつき、柄まで赤いので、よく目立つ。

表

基部はハート形にくぼむ。

見てみよう

オオカメノキの冬芽（花芽）は独特の形で、人が踊りや体操をしているように見えて面白い。ルーペで観察し、ぜひ写真も撮ってみよう。

　山奥や寒冷地の里山に生え、株立ちの樹形になる。4〜6月頃、ガクアジサイ（86ページ）のような形の白い装飾花がついた花が咲き、森の中で目立つ。葉は円形で、大きいもので20cmにもなり、葉先が少しだけ飛び出し、基部はハート形にくぼむ。この大きく丸い葉をカメの甲羅に見立てたのが和名の由来とされるが諸説ある。夏から秋にかけて実る赤い果実は、上向きで柄まで赤く色づくので、とてもよく目立ち、秋の深まりと共に黒く熟す。

タマアジサイ

多摩地方ではなく、玉。

【玉紫陽花】*Hydrangea involucrata* アジサイ科アジサイ属

樹高： 低木 小高木 高木 1〜2m
分布：東北地方南部〜近畿地方
花期→果期： 1 2 3 4 5 6 7 8 9 10 11 12

50%

大きく、ほぼ中央で幅が最大になる。

葉先は細長く伸びる。

鋸歯は針状でぎざぎざ。

不分裂 / 鋸歯 / 落葉 / 対生

触ってみよう

表裏ともに堅い毛が多くざらつく。

表

葉柄が赤みを帯びることもある。

山地の沢沿いなどに生える。アジサイ類で最も大形の葉で、身の回りで見かけるガクアジサイ（86ページ）のような光沢はなく、表裏ともに堅い毛が多く、ざらつく。アジサイ類は6〜7月に咲き、梅雨頃の花というイメージがあるが、本種は花期が遅く、夏から秋にかけて咲く。開花する前の花は総苞（そうほう＝花を包んでいる皮のようなもの）に包まれ球形をしている。この玉が和名の由来で、東京の多摩地方原産だからではない。花はムラサキシキブ類（100ページ）の果実のように上品な紫色で、花の周囲の装飾花（そうしょくか）は純白か、やや紫色を帯びた白である。

花：開花前
和名の由来の玉。花が咲く前から目立つ。

花
紫色の花を、白い装飾花が囲む。

アジサイ類

アジサイ科アジサイ属
Hydrangea spp.

小さな花の集まりを装飾花が囲む。

身の回りで見かけるアジサイは改良された園芸品種。花全体が装飾花（がく片）に覆われ、本来の花はわずかで、実は結ぶが種はほとんどできない。ここでは本来の花（雄しべと雌しべがある両性花）を装飾花が囲む花のつくりをした野生種のアジサイ類を紹介する。

鋸歯が曲線的。厚みと光沢がある。

表

見てみよう

アジサイとガクアジサイの花の比較

ガクアジサイの花の中央部は小さな花が集まっている。周囲を囲み、花びらに見えるのは装飾花である。この装飾花が手まりのような形に集まったものが園芸品種のアジサイの花である。

花：ノリウツギ　花の柄が長く、高いつくりの花になる。

花：ヤマアジサイ　色も形も変異が多い。

ガクアジサイ

【額紫陽花】*Hydrangea macrophylla*
アジサイ科アジサイ属

樹高：低木　1〜3m
花期→果期：6 7 8 / 10
分布：本州と四国の海岸沿いの一部

身の回りでよく見かけるが、意外にも野生の個体は少なく、房総や伊豆など海辺の一部に自生するのみ。本種から作られた多くの栽培品種、いわゆるアジサイの花は、生殖機能が不完全で本来の花ではない装飾花ばかりが集まった、手まりのような形だが、本種は小さな両性花の集まりを装飾花が囲む形で、これを額縁に見立てたのが和名の由来である。

鋸歯は鋭く、
葉先は細長く出る。

不分裂

鋸歯

落葉

対生

表

表

葉柄は赤みを帯びる
ことが多く、長い。

光沢は
ほとんどない。

60%

60%

ノリウツギ

【糊空木】 *Hydrangea paniculata*
アジサイ科アジサイ属　別名：ノリノキ、サビタ

樹高： 低木 小高木 高木 2〜4m
花期→果期： 1 2 3 4 5 6 7 8 9 10 11 12
分布：北海道〜九州

　山地の明るい場所に生え、庭木にされることもある。大形の葉はアジサイやハコネウツギ（88ページ）に似るが、葉柄が長いことで区別できる。樹皮から糊を採ったのが和名の由来で、ウツギの名がつくがアジサイの仲間である。両性花を装飾花が囲む花のつくりはガクアジサイと同じだが、本種は両性花の柄が長く、花が高くなるのが特徴。

ヤマアジサイ

【山紫陽花】 *Hydrangea serrata*
アジサイ科アジサイ属　別名：サワアジサイ

樹高： 低木 小高木 高木 1〜1.5m
花期→果期： 1 2 3 4 5 6 7 8 9 10 11 12
分布：北海道〜九州

　別名の通り、山地の沢沿いによく生える。タマアジサイ（85ページ）と同じように葉に光沢がほとんどなく、鋸歯が鋭いのが特徴。ガクアジサイを小ぶりにしたような花は、装飾花のがく片の形が円形だったり、細くとがったりと変異が多い。花色は変化し、はじめ白や淡青色だったものが、紅色系に変化することもある。

タニウツギ類

スイカズラ科タニウツギ属
Weigela spp.

葉脈上などに少し毛があるが、まばら。

葉が大きく、ラッパ形の花のウツギ類。

　ウツギの名のつく植物は多い。ウツギ（104ページ）をはじめ、ノリウツギ（87ページ）のようなアジサイ類や、コゴメウツギ（233ページ）のようなバラ科、ミツバウツギ（245ページ）のようにミツバウツギ科として独立しているものもあり、それぞれ別の仲間。いずれも茎が中空になる空木（ウツギ）なのが名の由来といわれる。ここでは葉が大きいタニウツギ類を紹介する。

光沢がある。アジサイより薄い。

表　裏

60%

花の比較

ハコネウツギ
白と淡紅、濃い紅色の花が混在し、華やか。

タニウツギ
花色の変化はなく、ずっと淡紅色。

ニシキウツギ
ハコネウツギと同じように花色の変化があり、混在して華やか。

ハコネウツギ

【箱根空木】 *Weigela coraeensis*
スイカズラ科タニウツギ属

樹高： 低木 小高木 高木 2〜5m
花期→果期： 1 2 3 4 5 6 7 8 9 10 11 12
分布：北海道〜九州

　あたかも箱根に多いような和名だが、実際には少ない。海岸近くの林に生え、公園樹として植えられる。葉が大きいタニウツギ属の中で最も葉が大きく、ガクアジサイ（86ページ）と同程度。花はラッパ形で咲き始めは白く、次第に紅色に変化していくので、花期には白と淡紅、濃い紅色の花が混在し華やか。葉には毛が少ない。

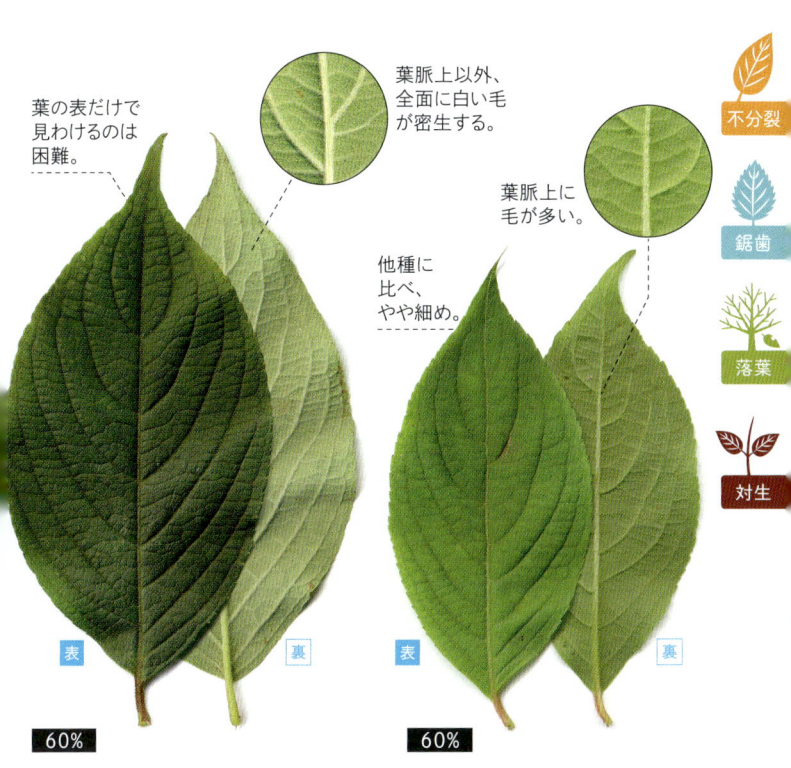

葉の表だけで見わけるのは困難。

葉脈上以外、全面に白い毛が密生する。

葉脈上に毛が多い。

他種に比べ、やや細め。

表 / 裏

60%

不分裂 / 鋸歯 / 落葉 / 対生

タニウツギ

【谷空木】 *Weigela hortensis*
スイカズラ科タニウツギ属

樹高： 低木 小高木 高木 2〜5m
花期→果期： 1 2 3 4 5 6 7 8 9 10 11 12
分布：北海道〜本州

　山地の日当たりのよい場所に普通に生え、谷に生えるウツギというのが和名の由来。他のタニウツギ属と同じようにラッパ形の花をつけるが、咲き始めから淡紅色でハコネウツギやニシキウツギのような花色の変化はない。葉も同属の他種によく似ているが、葉の裏に毛が密生する点で見わけることができる。

ニシキウツギ

【二色空木】 *Weigela decora*
スイカズラ科タニウツギ属

樹高： 低木 小高木 高木 2〜5m
花期→果期： 1 2 3 4 5 6 7 8 9 10 11 12
分布：東北地方南部〜九州

　山地の明るい林に生える。他の2種と同じラッパ形の花はやや細い。ハコネウツギと同じように花色が変化し、白と紅の二色の花が見られるのが和名の由来だが、実際には中間色の淡紅色も混在するので、「二色空木」よりも「錦空木」のほうが適当かも。3種の中では最も葉が細く、葉裏の葉脈上に毛が多い。

89

チドリノキ

カエデらしくないカエデ。

【千鳥木】 *Acer carpinifolium* ムクロジ科カエデ属 別名：ヤマシバカエデ

樹高： 低木 **小高木** 高木 5〜10m 花期→果期： 1 2 3 **4** 5 6 7 8 9 **10 11** 12
分布：本州〜九州

90%

不分裂の卵形で、葉一枚だけでみるとカエデとわかりにくい。

鋸歯はシデ類と同じように重鋸歯で、より大きくてぎざぎざ感が強い。

表

葉脈は直線的で、平行に多く並び、目立つ。

カエデ類は葉が対生につく。

花
花が咲く光景も、たくさんの鳥が飛んでいるように見える。

果実
チドリ科の鳥というより、千の鳥（たくさんの鳥）と考えた方がしっくりくる。

　山地の沢沿いなどに連なって生えるカエデ類。葉は不分裂で、ぎざぎざの重鋸歯で葉脈が多いので一見シデ類（52ページ）のように見え、カエデらしくないが、カエデ類共通の特徴である、葉のつき方が対生であることを確認し、翼のついたプロペラ形の果実を見ると納得できる。この果実のつき方が、たくさんの鳥が連なって飛んでいるように見えることが和名の由来である。

コアジサイ

大葉のように大きな山切りカット。

【小紫陽花】*Hydrangea hirta* アジサイ科アジサイ属　別名:シバアジサイ

樹高: 低木 / 小高木 / 高木　1m前後　花期→果期: 1 2 3 4 5 6 7 8 9 10 11 12
分布:関東地方～九州

90%

不分裂 / 鋸歯 / 落葉 / 対生

- 大きな山形の鋸歯が目立つ。
- 堅い毛が生え、ざらざらする。
- 表面は光沢がある。
- 表

　やや温暖な地域の山地に生え、根元からよく枝分かれする。光沢のある葉は、大きな山形の鋸歯で大葉(シソの葉)のようにも見えて印象的。アジサイの仲間だが、花を囲む装飾花がつかないのが最大の特徴。装飾花しかつかない園芸品種のアジサイとは正反対の方向性で、上品な印象がある。

花
ガクアジサイでいうがく(装飾花)がなく、アジサイ類の中では異色。

カツラ

森のハートは甘いカラメルの香り。

【桂】 *Cercidiphyllum japonicum* カツラ科カツラ属

樹高：低木 小高木 ■高木 20〜30m　花期→果期：1 2 3 **4 5** 6 7 8 **9** 10 11 12
分布：北海道〜九州

原寸大

鋸歯は丸い波形。

表

円形で、基部が
ハート形にくぼむ。

表

果実
まるでミニバナナのよう。思わず拾いたくなる。

　冷涼な山地の沢沿いなどに生える高木で、公園樹や街路樹として植えられる。幹はまっすぐ伸び、大木になると株立ちになることが多く、竹ぼうきをひっくり返したような、すらっとした樹形になる。葉は丸く、基部がハート形にくぼみ、鋸歯も丸い波形。このハート形の葉が対になって並ぶ枝ぶりは個性的で、すぐに本種だと見わけられる。樹皮は縦に裂け、ねじれるように見えることが多い。果実は袋状で、未熟な緑色の内はミニバナナのようにも見え、落ちているのを拾うのが楽しい。秋の黄葉は美しく、落葉すると良い香りがし、カラメルのように甘く、醤油を焦がしたように香ばしい、良い香りに周囲が包まれる。冬には種子をマヒワ（アトリ科）などの野鳥が食べることがある。

樹形	樹皮
すらりと伸び、竹ぼうきをひっくり返したような樹形になる。	縦に裂け、ねじれるように見えることが多い。

不分裂 / 鋸歯 / 落葉 / 対生

かいでみよう

落ち葉を拾って、手でもんでみると良い香りがする。「カラメル」「カルメ焼き」「醤油せんべい」人それぞれイメージは異なるが、カツラの葉の甘く香ばしい香りが好まれるのは確かだ。この香りは枯れ葉から生じるものなので、黄葉の時期以外でも楽しむことができるが、やはり落ち葉が多い黄葉の季節が一番。周囲が甘く香ばしい香りで包まれる。秋を感じる香りを楽しもう。

つながっている生き物

マヒワの群れが食べているのは種子で、食糧事情の厳しい真冬の栄養源となっている。樹上からはらはらと種子のかすが降ってきて、群れの存在に気づくことがある。マヒワはアトリ科で全長12.5cm。

ガマズミ

疲れを癒す、赤く酸っぱい果実。

【莢蒾】 *Viburnum dilatatum*　レンプクソウ科ガマズミ属　別名：アラゲガマズミ

樹高： 低木　2〜3m　花期→果期： 5 6 9 10
分布：北海道〜九州

原寸大

円形で鋸歯は鈍い。

表

葉柄に粗い毛が多い。

毛が多く、ふさふさした手触り。

　山地や里山に生える落葉低木。葉は円形で、鋸歯は鈍角。表裏とも全面に毛が生え、特に葉脈は長い毛に覆われ、ふさふさとした手触り。5〜6月頃に小さく白い花が多数咲き美しいが、においはあまり良くない。昆虫を呼ぶため、人間にとっては少々不快なにおいを出すようだ。秋に熟す赤い果実は酸味が強いがおいしく、山歩きの時などに食べると疲れが癒されるようだ。

花
白い花は美しいが、においは良くない。

食べてみよう

果実は秋に赤く熟し、クエン酸が豊富で酸味が強く、レモン果汁のようにも感じられる。食べごろになると甘味も増して味のバランスが良くなる。

ヤブデマリ

変異の大きい葉。

【藪手毬】 *Viburnum plicatum* レンプクソウ科ガマズミ属

樹高： 低木 小高木 高木 2〜6m　花期→果期： 1 2 3 4 5 6 7 8 9 10 11 12
分布：本州〜九州

不分裂／鋸歯／落葉／対生

90% 鋸歯ははっきりした三角形。

表

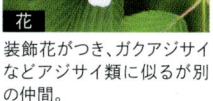

花
装飾花がつき、ガクアジサイなどアジサイ類に似るが別の仲間。

葉柄は長めで3cmほど。

円形に近いタイプ。

裏

ほこりのような毛に覆われる。

通常は葉裏や葉柄に毛が多い。

　山地の沢沿いなど湿った場所に生え、枝を水平に出して、特徴的な樹形になる。葉のつく位置や地域、環境などの条件の違いによって変異が大きく、円形の葉もあれば、細長い葉もある。葉柄が長いこと、鋸歯がはっきりした三角形であること、毛が多いことなど、葉の形以外のポイントで見わけよう。ガクアジサイ（86ページ）に似た、装飾花に囲まれた白い花が咲き、これを手まりに見立てたのが和名の由来。果実だけでなく、柄まで赤くなるのは同属のオオカメノキ（84ページ）と同じで、赤い果実は翌春までに黒く熟す。

コバノガマズミ

一回り小さいガマズミ。

【小葉莢蒾】 *Viburnum erosum* レンプクソウ科ガマズミ属

樹高： 低木 小高木 高木 2〜3m前後　花期→果期： 1 2 3 4 5 6 7 8 9 10 11 12
分布：東北地方南部〜九州

原寸大

鋸歯は鋭くとがる。

表

葉柄は短い。

通常、針状の托葉がある。

　山野に普通に生え、花や果実をガマズミ(94ページ)より一回り小さくしたような形だが、葉は鋸歯がとがり、葉柄が短くて、つけ根に針状の托葉があるなどの点が異なる。葉の両面とも星状毛があり、葉柄にも毛が密生し、ビロードのような手触り。材は強じんで柔軟性もあるので、道具類の柄に使われる。

花　ガマズミの花を一回り小形にした形で、シャープな印象。

果実　ガマズミの房を小さくしたよう。

オトコヨウゾメ

枯れると黒くなる葉。

【男ようぞめ】 *Viburnum phlebotrichum* レンプクソウ科ガマズミ属　別名：コネソ

樹高：低木　2m前後　花期→果期：5 6 9 10
分布：本州～九州

原寸大

ほぼ無毛。

鋸歯は角ばって目立つ。

表

枯れると黒く変色する。

裏

葉柄は赤みを帯び、托葉はない。

表

不分裂 / 鋸歯 / 落葉 / 対生

　山野に生え、庭木にもされる。コバノガマズミに似るが、葉に毛はなく、鋸歯は角ばって目立ち、托葉はない。やや淡紅色を帯びた白い花がまばらに咲くのも他のガマズミ類と異なる点。果実は食用にならず、葉が枯れると黒く変色することも本種の特徴である。

花
4～5月にやや薄紅色の白い花がまばらに咲く。花の柄は長く、少し垂れ気味になる。

果実
だ円形の果実は秋から晩秋にかけて赤く熟す。

マユミ

弓の材料になった木。

【真弓】 *Euonymus sieboldianus* ニシキギ科ニシキギ属

樹高：低木　小高木　高木　3〜8m
花期→果期：1 2 3 4 5 6 7 8 9 10 11 12
分布：北海道〜九州

原寸大

鋸歯はミシン目を不揃いにしたように細かくぎざぎざ。

中央で葉の幅が最大になる。

裏　表

黄緑色の主脈が目立つ。

　身近な里山に生え、公園樹や庭木として植えられる。根元から枝分かれし、対生に葉をつけて伸びる枝は1年目が緑色なので、見慣れない内は羽状複葉と間違えやすい。葉はやや細身の卵形で厚みがあり、鋸歯は細かく、不揃いのミシン目のようである。小さく目立たない花は花弁が4枚で、果実も4つに割れる。これを4数性という。ピンク色の果実が割れると中から赤い種子が現れ、いろいろな鳥が食べる。材がしなやかで、昔、この木から弓を作ったのが和名の由来。

つながっている生き物

晩秋から初冬にかけて淡紅色の果実が熟すと4つに割れ、中から赤い種子が出てくる。これは多くの野鳥の好物であり、秋冬の貴重な食糧だが、果実や種子を食べる機会の少ないメジロやコゲラが好むのが興味深い。

種子を食べるコゲラ。

ツリバナ

優雅に吊り下がる、花と果実。

【吊花】 *Euonymus oxyphyllus* ニシキギ科ニシキギ属

樹高： 低木 小高木 高木 1〜4m　花期→果期： 1 2 3 4 **5 6** 7 8 **9 10** 11 12
分布：北海道〜九州

不分裂 / 鋸歯 / 落葉 / 対生

60%

鋸歯は細かくぎざぎざ。

山地の林に生える落葉低木。その名の通り、吊り下がる花と実が優雅で風情ある姿なので、日本庭園に植えられることもある。同じニシキギ属のマユミの花と果実が4数性なのに対し、本種は5数性で、花びらは5枚、果実も5つに割れるという特徴がある。また、マユミの芽はとがらないが、本種の芽はとがる。ひし形の葉には細かい鋸歯が入り、波打つことが多い。

表

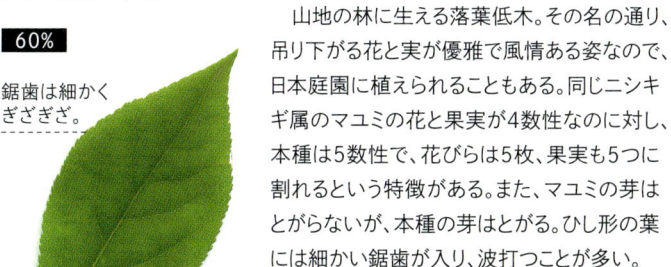

ふちは波打つことが多い。

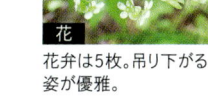

裏

花
花弁は5枚。吊り下がる姿が優雅。

ニシキギ

【錦木】 *Euonymus alatus*
ニシキギ科ニシキギ属

樹高： 低木 小高木 高木 1〜3m
花期→果期： 1 2 3 4 **5 6** 7 8 9 **10 11** 12
分布：北海道〜九州

60%

倒卵形で鋸歯は細かくぎざぎざ。

表

　山地に生え、公園樹や庭木として植えられ、生け垣にされる。最大の特徴は枝につく翼というコルク質の薄い板で、同じ特徴をもつ木はモミジバフウ（222ページ）や、ハルニレの品種のコブニレがあるが本種ほどはっきりしない。秋に、錦のように鮮やかな真紅に紅葉するのが和名の由来。

枝の翼が最大の特徴。
※翼がない品種をコマユミといい、野生の個体に多い。

真紅に色づき、和名の由来となった。

表 [紅葉]

99

ムラサキシキブ類

シソ科ムラサキシキブ属
Callicarpa spp.

上品な紫色の花と果実。

身近な里山や雑木林に生え、上品な淡紅紫色の花と、美しい紫色の果実をつける仲間。庭木や公園樹にされる。果実は色合いが濃い上に、葉が落ちても残るのでよく目立つ。

- 葉先は長く伸びる。
- 葉は細い卵形で、うすい質感。
- 表
- 基部近くまで鋸歯がある。

80%

花:ムラサキシキブ
上品な淡紅紫色で、雄しべと雌しべが突き出し、黄色が目立つ。

実のつき方の比較

ムラサキシキブ(左)とコムラサキ(右)。ムラサキシキブの果実がまばらなのに対し、コムラサキの果実はまとまって、びっしりとつく。生け花に使われる。

ムラサキシキブ

【紫式部】 *Callicarpa japonica*
シソ科ムラサキシキブ属　別名ミムラサキ、コメゴメ

樹高: 低木 小高木 高木　2〜4m
花期→果期: 1 2 3 4 5 6 7 8 9 10 11 12
分布: 北海道南部〜沖縄

　山野に生える低木で、紫色で目立つ小さな果実を見かけて、存在に気づくことが多い。果実に比べると葉は地味だが、対生の落葉樹で本種に似た形の葉は少ないので見わけは難しくない。花や果実が上品な紫色なので、平安時代の文学者で「源氏物語」の作者とされる紫式部をイメージして名づけられたとされる。

不分裂
鋸歯
落葉
対生

裏
枝にも葉にも
ほこりのような
毛が多く、
触ると
ふさふさする。

表

基部は
ムラサキシキブが
くさび形なのに
対して丸みがある形。

80%

ふちの中ほどから
葉先にかけてのみ
鋸歯がある。

表

小形で
細長く、
毛はない。

裏

80%

ヤブムラサキ

【藪紫】*Callicarpa mollis*
シソ科ムラサキシキブ属

樹高：低木 小高木 高木 2〜3m
花期→果期：1 2 3 4 5 6 7 8 9 10 11 12
分布：東北地方南部〜九州

　里山や山地に生える低木。紫色の果実に毛の多いがくが付くことで容易に他2種と見わけられるが、果実のない時期を考えると、しっかりと葉の特徴をおさえておきたい。葉はムラサキシキブに似るが、基部の形と毛の違いで見わけることができる。

コムラサキ

【小紫】*Calllicarpa dichotoma*
シソ科ムラサキシキブ属　別名：コシキブ

樹高：低木 小高木 高木 1〜2m
花期→果期：1 2 3 4 5 6 7 8 9 10 11 12
分布：本州〜九州

　公園樹などで見かけるが、自生はまれ。枝を垂らすように伸ばし、紫色の果実をびっしりとつけるので、ムラサキシキブ類では観賞用に本種が植えられることが多い。葉は小さく、鋸歯や果実のつき方が異なる点で同属他種と見わけることができる。

シロヤマブキ 花の色だけではない、似た者同士の違い。

【白山吹】 *Rhodotypos scandens* バラ科シロヤマブキ属

樹高：低木 1〜2m　花期→果期：4 5　8
分布：北陸地方の一部、中国地方

原寸大

葉先は細長く伸びる。

直線的で側脈の多い葉脈が目立ち、大小二重の鋸歯がぎざぎざでヤマブキによく似ている。

表

葉脈沿いを中心に、絹毛が多く生える。

裏

　中国地方などに自生するがまれで、庭木や公園樹として植えられる。葉がヤマブキ（67ページ）によく似ていて、植え込みに使われる低木で、枝が緑色といった点（ただし本種は1年目の枝のみ緑色）も共通するが、ヤマブキの花が黄色なのに対して本種は白い。花色だけでなく、ヤマブキの花弁が5枚なのに対し、本種は4枚。そして、葉のつき方が対生という点が決定的な違いである。

花
ヤマブキとは花色が異なるだけでなく、花弁の枚数や形状も異なる。

果実
花弁の枚数と同じ4個が集まってつき、黒く熟す。

シナレンギョウ　4つに深く裂ける黄色い花がびっしり。

【支那連翹】*Forsythia viridissima* var. *viridissima*　モクセイ科レンギョウ属

樹高： 低木　小高木　高木　1～3m
花期→果期： 1 2 **3 4** 5 6 7 8 9 **10** 11 12
分布：中国原産

原寸大

葉先側にだけ鋸歯がある。

細いだ円形で、表面に光沢がある。

裏／表

庭木や公園樹として植えられる中国原産の低木で、春先に黄色い花をたくさんつけて目立つ。一般にレンギョウというと本種とチョウセンレンギョウ（朝鮮半島原産）、レンギョウ（中国原産）の3種類を総称する場合が多いが、本種は葉の幅が一番狭く、細長いだ円形で表面に光沢があり、葉先側だけに鋸歯がある。他種がしだれるのに対して、本種の枝は直立する。枝の断面ははしご状である。

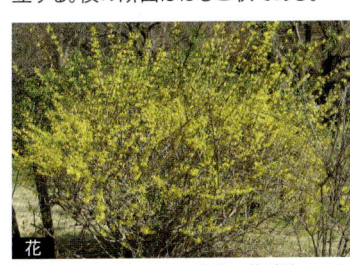

花

枝が上方へ直立し、春先に黄色い花がびっしりとつく。レンギョウとチョウセンレンギョウはしだれる。

不分裂／鋸歯／落葉／対生

チョウセンレンギョウ

【朝鮮連翹】*Forsythia viridissima* var. *koreana*
モクセイ科レンギョウ属

樹高： 低木　小高木　高木　2～4m
花期→果期： 1 2 **3 4** 5 6 7 8 9 **10** 11 12
分布：朝鮮半島原産

シナレンギョウよりも幅が広く、鋸歯が鋭く、多い。

原寸大

表

同属で朝鮮半島原産。シナレンギョウより葉の幅が太く、鋸歯が鋭くて多い。シナレンギョウの枝が直立するのに対し、本種はしだれる。枝の断面はシナレンギョウと同じようにはしご状。

ウツギ

葉の上に広がる星空。

【空木】 *Deutzia crenata* アジサイ科ウツギ属　別名：ウノハナ

樹高：**低木** 小高木 高木　2m
花期→果期：1 2 3 4 **5 6** 7 8 9 **10** 11 12
分布：北海道南部〜九州

原寸大

細長い水滴形で、葉脈はあまり見えない。

ごく短い針状の鋸歯が広い間隔で出る。

表面は星状（せいじょうもう）毛が多く、ざらつく。

表

枝は中空。

花
旧暦の卯月（5〜6月）に白い花をたわわに咲かせるのがウノハナの別名の由来。

果実
種子を飛ばし終わった後も花柱が残る。小さなつぼが並んでいるようでユニークだし、本種を見わける識別点にもなる。

　山野に普通に生え、庭木や公園樹にされる落葉低木で、株立ちして枝を垂らすような樹形になる。空木（ウツギ）の名の通り、枝が中空になるのが和名の由来。ウツギと名のつく他の木も同様の性質をもつことが多いが、同じ仲間とは限らない。細長い水滴形の葉は葉脈が目立たず、針状の小ぶりの鋸歯が広い間隔で出るのが特徴。葉の表面には星状（せいじょうもう）毛が粒状に生え、ざらざらした手触り。ウノハナの別名通り、卯月（旧暦の4月）に白い花を咲かせる。種子を飛ばし終わった後も花柱（かちゅう）が残り、目立つ。

見て触ってみよう

葉をルーペで見てみよう。表面には粒状の星状毛がびっしり生え、まるで葉の上に星空が広がっているようだ。ざらざらした手触りも確認してみよう。

ガクウツギ

紺色の金属光沢のある葉。

【額空木】 *Hydrangea scandens* アジサイ科アジサイ属　別名：コンテリギ

樹高： 低木 小高木 高木 1～2m　花期→果期：1 2 3 4 5 6 7 8 9 10 11 12
分布：関東地方～九州

不分裂／鋸歯／落葉／対生

原寸大

葉先は細長く伸びる。

細長い卵形で、鋸歯は鈍い。

表／裏

山地の谷沿いなど日当たりのよい場所に生える落葉低木。葉に金属光沢があるのが特徴で、紺色に見えることが多いので「紺照木（こんてりぎ）」の別名がある。アジサイの仲間であり、3枚1組の白い花びらのように見えるのは装飾花で、目立たない黄緑色の両性花を額のように取り囲むのが和名の由来。

花

黄緑色の小さな花を3枚の装飾花（がく片）が囲む。

コガクウツギ

【小額空木】 *Hydrangea luteovenosa*
アジサイ科アジサイ属　別名：コンテリギ

樹高： 低木 小高木 高木 1m前後
花期→果期：1 2 3 4 5 6 7 8 9 10 11 12
分布：東海地方～九州

西日本ではガクウツギよりも多く、一回り小さい。同じ紺照木の別名をもつが、本種の方がより金属光沢が強く、枝にも紅紫色の光沢感がある。

鋸歯がはっきりして鋭い。

原寸大

表／裏

ガクウツギよりも金属光沢が強い。

105

マルバウツギ

丸い葉の空木。

【丸葉空木】 *Deutzia scabra* アジサイ科ウツギ属　別名：ツクシウツギ

樹高： 低木　小高木　高木　1m前後　　花期→果期： 1 2 3 4 5 6 7 8 9 10 11 12
分布：関東地方〜九州

山野の日当たりのよい場所に普通に生える。他のウツギ類に比べて、葉は幅が広い卵形で葉脈と鋸歯がはっきりしている。ウツギ（104ページ）と同じように、葉には星状毛(せいじょうもう)が生えていて、手触りがざらざらしている。花の下につく葉には葉柄がなく、ハート形の基部で枝を抱く特徴がある。

80%
表
鋸歯がはっきりしている。
葉脈が目立つ。
裏
幅が広い卵形。

花
ウツギより早い時期に花弁が5枚の白い花が咲き、中心部の橙色がよく目立つ。

見て触ってみよう

ウツギと同じように星状毛があり、星空のよう。ルーペで見て触ってみよう。

バイカウツギ

【梅花空木】 *Philadelphus satsumi*
アジサイ科バイカウツギ属　別名：サツマウツギ

樹高： 低木　小高木　高木　2〜3m
花期→果期： 1 2 3 4 5 6 7 8 9 10 11 12
分布：本州〜九州

山地に生えるが多くない。花が梅に似ているのが和名の由来というが、本種の花弁は4枚なので似ていない。葉はまばらな鋸歯が少し飛び出し、葉脈は基部から3本あるいは5本に分かれて伸び、くぼんで凹凸が目立つ。

花
ウメの花に似ているとは思えない。

80%
表
裏
星状毛(せいじょうもう)はなく、ざらつかない。
まばらな鋸歯が少し飛び出す。
葉脈は基部から3あるいは5本に分かれて伸びる。

ツクバネウツギ

がく片の形が名の由来。

【衝羽根空木】 *Abelia spathulata*　スイカズラ科ツクバネウツギ属　別名：コツクバネ

樹高： 低木 小高木 高木 1.5〜2m　花期→果期： 1 2 3 4 **5 6** 7 8 **9 10** 11 12
分布：本州〜九州

不分裂 / 鋸歯 / 落葉 / 対生

80%

卵形で、葉先にかけて急に細くなってとがる。

鋸歯は不規則で少ない。

表

裏

葉の基部近くの葉脈に白い毛が生える。

花

ラッパ形で、普通2個ずつ咲く。

山地や里山の日当たりのよい場所に生える。ツクバネウツギ属の仲間は葉が小さく、ラッパのような形の花が終わった後に残る、がく片の形が羽子板（はごいた）で打つ衝羽根（つくばね）に似ているのが共通の特徴。葉以外に、がく片の数も識別のポイントで、本種は5個である。

ハナゾノツクバネウツギ

別名で呼ばれる。

【花園衝羽根空木】 *Abelia × grandiflora*　スイカズラ科ツクバネウツギ属　別名：アベリア、ハナツクバネウツギ

樹高： 低木 小高木 高木 1〜2m　花期→果期： 1 2 3 4 **5 6 7 8 9 10 11** 12
分布：中国原産

中国原産の雑種で、公園樹や街路樹、生け垣にも利用される。よく別名として、属名のアベリアで呼ばれているのは本種。葉は細めの水滴形で、鋸歯は小さい。がく片は2〜5個。花期がとても長く、昆虫のオオスカシバやハナバチの仲間がよく訪れている。ほとんど実は結ばない。冬も葉が残る半常緑樹である。

細めの水滴形あるいはひし形。

80%

半常緑で、表面の光沢が強い。

表

花

花期がとても長く、多くの昆虫が訪れる。

鋸歯は小さい。

裏

107

アオキ

日陰を好む、庭木の定番。

【青木】 *Aucuba japonica* アオキ科アオキ属　別名：アオキバ

樹高： 低木　小高木　高木　1〜3m
分布：北海道南部〜沖縄

花期→果期： 1 2 3 4 5 6 7 8 9 10 11 12

80%

鋸歯は大きく、数は少ない。

大形のだ円形。

厚みがあり、光沢が強い。

裏

表

葉柄は長めで2〜4cmくらい。

　身近な緑地や山野に普通に生え、庭木や公園樹として植えられる。大形の葉は鋸歯が大きく、厚みがあって光沢が強い。若い枝と幹は緑色なので、全体的に濃い緑一色の樹姿といった印象があり、和名もこれに由来している。日陰でもよく育つので、庭木として昔から重宝されてきた。人口が爆発的に増えて身の回りの自然が減った江戸の街では、冬の間も緑がなくならない常緑樹が庭木に求められ、日陰を好む本種は人気だったという。

樹形　その名の通り、枝も葉も青い（緑色）木。

果実　おいしそうに赤く色づくが人気がなく、長く残っている。真冬にヒヨドリが食べる。

サンゴジュ　茶色の葉柄と、柄まで真っ赤な果実。

【珊瑚樹】 *Viburnum odoratissimum*　レンプクソウ科ガマズミ属

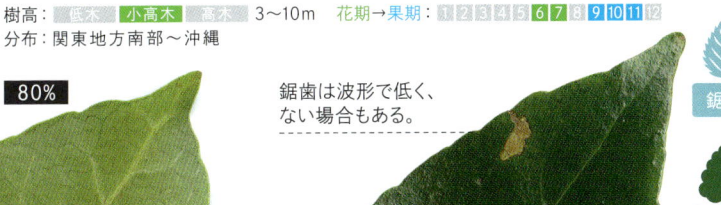

樹高： 低木　小高木　高木　3〜10m　花期→果期： 1 2 3 4 5 6 7 8 9 10 11 12
分布：関東地方南部〜沖縄

不分裂 / 鋸歯 / 常緑 / 対生

80%

鋸歯は波形で低く、ない場合もある。

肉厚で光沢が強い。

裏　表

葉柄は長く、茶〜赤褐色になる。

樹皮は灰褐色で、点々と横に皮目が入る。

果実は柄まで真っ赤になり、たわわに実る。これをサンゴに見立てたのが和名の由来だが、その後完全に熟すと黒くなる。

海岸近くの湿った場所に生え、街路樹や庭木、生け垣として植えられる。材は水分を多く含み、燃えにくいので延焼をくい止める防火樹として植えられることもある。葉は肉厚で光沢が強く、葉柄は茶褐色で長め。鋸歯はとてもなだらかな波形で低く、全縁になることもある。秋に真っ赤に熟す果実は柄まで赤く、この姿をサンゴに見立てたのが和名の由来。

センリョウ

上向きにつく赤い果実。

【千両】 *Sarcandra glabra* センリョウ科センリョウ属

樹高： 低木 小高木 高木 1m前後　　花期→果期： 1 2 3 4 5 6 7 8 9 10 11 12
分布：関東地方南部〜沖縄

80%

葉先は細長く伸びる。

鋸歯は鋭くとがり、ぎざぎざ感が強い。

表　裏

　比較的に暖かい地域の林内に生える常緑低木。冬、木々が落葉して色が少なくなった林や暗い照葉樹林の中で、赤い果実をつけて目立ち美しいので、庭木として植えられ、果実は花材として使われる。マンリョウ（119ページ）は同じ時期に、同じように赤い果実をつけ、和名まで似ているが、葉の形やつき方が異なり、果実が上向きにつくか、下向きにつくかで見わけることができる。

果実

葉の上に上向きにつき、真冬の林でよく目立つ。マンリョウの果実は葉の下ににぎやかにぶら下がる。

ギンモクセイ

秋に咲く、香りの良い白い花。

【銀木犀】 *Osmanthus fragrans* var. *fragrans*　モクセイ科モクセイ属

樹高：低木　小高木　高木　3〜6m　花期→果期：1 2 3 4 5 6 7 8 9 10 11 12
分布：中国原産

80%

葉先が細長く伸びる。

小さく鋭い鋸歯が多数ある。

キンモクセイより幅広。

表　[若葉]

明るい色の若葉。

いぼ状の皮目が入るが、キンモクセイほどひし形にはならない。

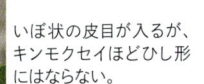

樹皮

かいでみよう

花の芳香はキンモクセイほど強くない。同じ時期に咲くキンモクセイと香りを比べてみよう。

　中国原産で、庭木や公園樹として植えられるが少ない。秋に橙色の花が咲き、強い芳香を放つキンモクセイ（166ページ）は本種の変種とされる。本種の花は白く、芳香はキンモクセイほど強くない。花の咲いていない時期は、葉がより幅広で鋸歯がある点や、樹皮はキンモクセイほど皮目がひし形にならない点で見わけられる。

不分裂　鋸歯　常緑　対生

111

ヒイラギ

年をとると丸くなる木。

【柊】 *Osmanthus heterophyllus* モクセイ科モクセイ属

樹高： 低木 小高木 高木 2〜6m 花期→果期：1 2 3 4 5 6 7 8 9 10 11 12
分布：関東地方〜沖縄

原寸大

堅くて鋭いとげが3〜5対ある。

[老木の葉]
通常、葉先だけにとげがある。

表

表

　身近な山野に生えるが、庭木や公園樹、生け垣として見かけることのほうが多い。葉のふちに鋭いとげがあることで有名で、ふつうとげは5対以下。このとげが邪鬼を追い払うとされ、節分に焼いたイワシの頭を本種の枝葉に刺し、戸口に飾る習慣があり「柊鰯」(ひいらぎいわし)という。とげがあるのは若木で、老木になると先端を除いて全縁の葉になる。若い頃はとがっていても、歳を重ねると、まるくなるというのが人間の性格のようで面白い。ただ、老木も全ての葉にとげがないわけではなく、刈り込むことで出てきた葉にはとげがあるなど、とげのある葉とない葉が混在する。

ヒイラギモクセイ

【柊木犀】 *Osmanthus* × *fortunei*
モクセイ科モクセイ属

樹高： 低木 小高木 高木 3〜7m
花期→果期：1 2 3 4 5 6 7 8 9 10 11 12

　ギンモクセイ（111ページ）とヒイラギの雑種で、庭木や公園樹として植えられる。よく生け垣にされ、ヒイラギと取り違えられていることも少なくないが、葉のとげは細くて小さく、6〜10対あり、表面の光沢が弱い点が異なる。秋になると、葉の基部に良い香りのする白い花が咲く。

とげはヒイラギよりも小さく、数は多い。

ヒイラギよりも光沢が弱い。

原寸大

表

マサキ

生け垣や植え込みの定番。

【正木・柾】 *Euonymus japonicus* ニシキギ科ニシキギ属

樹高： 低木 小高木 高木 2～5m
花期→果期： 1 2 3 4 5 6 7 8 9 10 11 12
分布：北海道南部～沖縄

80%

葉先はとがらない。

裏

表

1年目の若い枝は緑色。

へら形で、細かく浅い鋸歯がある。

葉には変異があり、幅が広い葉や狭い葉がある。

表

海岸に近い林などに生え、特に温暖な地域に多い。庭木や公園樹として植えられる。丈夫で、条件の悪い環境でもよく育つため、かつては植え込みや生け垣としてよく植えられたが、最近は減っている。へら形の葉には浅い鋸歯があり、枝先に集まってつく。若い枝が緑色なのはマユミ（98ページ）など同じニシキギ属の他種と共通の特徴である。

不分裂 / 鋸歯 / 常緑 / 対生

樹形
植え込みや生け垣用に植えられる。

果実
同属のマユミと同じように果実が4つに裂け、中から赤い種子が出てくる。

ビワ

おいしい果樹の葉は凸凹。

【枇杷】 *Eriobotrya japonica* バラ科ビワ属

樹高：低木 小高木 高木　3〜8m
花期→果期：1 2 3 4 5 6 7 8 9 10 11 12
分布：西日本の一部

40%

褐色の毛が密生していて、もじゃもじゃ。

光沢が強い。

細めの倒卵形（中央よりも葉先側で幅が最大になる）で大きい。

裏

表

厚みがあって堅く、葉脈に沿って大きな凹凸がある。

　西日本の一部に自生し、果樹として広い地域で植えられているが、中国原産という説もある。葉は濃い深緑色で大きく、細めの倒卵形で、厚みと凹凸があって堅く、裏は褐色の毛にびっしり覆われる。だ円形で黄橙色の果実が初夏に実り、私たちだけでなく、ヒヨドリやオナガなどの野鳥もよく食べる。本種は食用だけでなく薬用としても有用で、葉は生薬として用いられる。

つながっている生き物

ヒヨドリやオナガ、外来種のワカケホンセイインコも盛んに食べる。

タラヨウ

「郵便局の木」は文字通り「葉書」。

【多羅葉】 *Ilex latifolia*　モチノキ科モチノキ属　別名：モンツキシバ

樹高：低木　小高木　**高木**　10m前後　花期→果期：1 2 3 **4 5** 6 7 8 9 **10 11** 12
分布：東海地方〜九州

50%

不分裂

鋸歯

常緑

互生

明るく淡い緑色で
のっぺりしていて、
葉脈は見えない。

鋸歯は
のこぎりの歯の
ように鋭い。

裏　表

厚みがあり、
光沢が強い。

　温暖な地域の山野に生え、公園や寺院、郵便局に植えられることもある。大形で厚みのある葉は堅く、表面には光沢があり、鋸歯はのこぎりのように鋭い。葉の裏を傷つけると、ほどなく茶色く変色するので文字が書ける。この性質が、インドや中国で葉に経文を書く多羅樹（たらじゅ）と同じなのが和名の由来。文字通り「葉書」ということで「郵便局の木」に指定されている。公園や寺などで本種を見つけたら、葉裏を見てみよう。いろいろなメッセージが書き込まれていることが多い。

やってみよう

葉の裏を傷つけると茶色く変色するので、文字が書ける。

アラカシ

葉が幅広の樫。

【粗樫】 *Quercus glauca* ブナ科コナラ属

樹高： 低木 小高木 高木 10〜15m　花期→果期： 1 2 3 4 5 6 7 8 9 10 11 12
分布：東北地方南部〜沖縄

80%

鋸歯は葉先から途中までで、粗い。

裏

基本は幅広の倒卵形。
（とうらんけい）

表

[細い葉]
シラカシのような細い葉が出ることがあるが、葉の幅は普通中央より葉先寄りで最大になるので、形で見わけられる。

表

身近な山野に普通に生え、庭木や公園樹にもされる。関東よりも西日本に多い。葉は倒卵形で、カシ類で最も幅が広く、葉先から途中までしか鋸歯がないのが特徴だが、葉には変異があり、細い葉や、鋸歯が基部近くまである葉も出るので、1枚だけでなく複数の葉を確認することが大切である。葉裏の色やどんぐりも見わけるポイントになる。

樹皮　暗い灰色でなめらか。縦に皮目が連なることが多い。

果実　カシ類のどんぐり（堅果）の殻斗は輪状になっている。本種は突起に近いほうで幅が最大になる。

シラカシ

関東に多い、スリムな樫。

【白樫】 *Quercus myrsinifolia* ブナ科コナラ属

樹高: 高木 15m前後　花期→果期: 4 5 10 11
分布: 東北地方南部〜九州

不分裂 / 鋸歯 / 常緑 / 互生

原寸大

やや白っぽく、これも和名の由来といわれるが、ウラジロガシほど白くはない。

葉先に向かって細長くなる形。

鋸歯はアラカシに比べると低く、ウラジロガシほどとがらない。

裏 / 表

　山野に普通に生え、特に関東地方に多く、公園樹や街路樹として植えられる。関東地方ではケヤキと並んで屋敷林に大木が多い。幹はまっすぐに伸びて、だ円形の樹形の大木になる。材が白いのが和名の由来で、建材や道具類の柄などに利用される。樹皮は普通なめらかで、縦に細いすじが入るが、砂状にざらざらする場合もある。後者は害虫の影響によるもの。関東の林は、人が手を入れなければ、長い年月の間に本種が主体の照葉樹林に変わっていくという。

樹形 幹がまっすぐ伸び、すらっとした樹形になる。

樹皮 通常の樹皮。なめらかで縦にすじが入る。

果実 アラカシに似るが、中央で幅が最大に膨らみ、突起の周囲にはリングがある。

117

ウラジロガシ

名の由来は、葉の裏の白さ。

【裏白樫】 *Quercus salicina* ブナ科コナラ属

樹高：低木 小高木 <mark>高木</mark> 15m前後　花期→果期：1 2 3 <mark>4</mark> <mark>5</mark> 6 7 8 <mark>9</mark> <mark>10</mark> 11 12（翌年）
分布：東北地方南部〜沖縄

原寸大

ろうを塗ったように白っぽく、落ち葉は真っ白になる。

ふちは波打つ。

鋸歯は鋭くとがる。

細長い形で、ぱりぱりした質感。

裏

表

葉が波打つ様子が、遠くからでもわかる。

樹皮
シラカシに似て灰色でなめらか。

果実
だ円形で殻斗には毛が多い。実は翌年の秋に熟す。

　温暖な地域の山地に多く生えるカシ類。シラカシ（117ページ）に似た細長い葉だが、ぱりぱりした質感で、ふちが波打ち、裏が粉を吹いたように白い点で見わけられる。この特徴が和名の由来で、とくに落ち葉の葉裏は真っ白になる。どんぐりは2年成で、翌年の秋に熟し、殻斗には毛が多い。

マンリョウ

縁起物の赤い果実。

【万両】*Ardisia crenata* サクラソウ科ヤブコウジ属

樹高： 低木 小高木 高木 0.3〜1m　花期→果期： 1 2 3 4 5 6 7 8 9 10 11 12
分布：関東地方南部〜沖縄

90%

不分裂 / 鋸歯 / 常緑 / 互生

波形の独特の鋸歯で、とがらない。

細長い卵形。

表

比較的に暖かい地域の林の中などに生え、日本庭園などに植えられる。幹は細長く伸び、大人の腰高くらいで、枝先に葉がまとまってつく樹形。冬に真っ赤な果実をたわわに実らせ、センリョウ（110ページ）よりも華やかな様子なのが和名の由来。観賞用に広く栽培され、縁起物として正月の飾りに使われる。センリョウに似るが、本種は果実が葉の下に下向きにつく点や鋸歯の違いで見わけることができる。

果実の比較

センリョウ　マンリョウ

センリョウ（左）の果実が、葉の上にまとまって上向きにつくのに対し、マンリョウ（右）は多数の果実が、葉の下に下向きにつく。

ホルトノキ

オリーブと取り違えられた、赤い葉の出る木。

Elaeocarpus zollingeri　ホルトノキ科ホルトノキ属　別名：モガシ（茂樫）

樹高：低木 小高木 **高木** 10～15m　花期→果期：1 2 3 4 5 6 **7 8 9 10** 11 12
分布：関東地方南部～沖縄

原寸大

やや葉先側で幅が最大になる細い倒卵形。

鋸歯は波形。

裏

表

しばしば主脈が赤くなる。

基部はくさび形。

一年を通して、赤い葉を見ることができる。

果実

だ円形で、オリーブによく似る。実だけを見れば、間違えるのも理解できる。

　海沿いの林などに生え、公園樹や街路樹にされる。幹はまっすぐに伸びて丸い樹形になり、まれに30mにも達することがある。和名の由来がユニークで、江戸時代に平賀源内が紀州で本種の果実を見てオリーブと取り違え、当時オリーブの呼び名だった「ポルト（ポルトガル）の木」と呼んだことからだという。細長い形の葉が枝先に集まってつくのがヤマモモ（145ページ）に似るが、本種は常に赤い葉が混ざり、葉には波形の鋸歯があることで見わけられる。

カナメモチ

生け垣の定番。

【要諦】*Photinia glabra* バラ科カナメモチ属　別名：アカメモチ、ベニカナメ

樹高：低木 **小高木** 高木　4〜8m　花期→果期：1 2 3 4 **5 6** 7 8 9 10 11 **12**
分布：東海地方〜九州

不分裂 / 鋸歯 / 常緑 / 互生

原寸大

裏

傷つけると茶色く変色するので、タラヨウと同じように字が書ける（115ページ）。

鋸歯は小さくて鋭い。

やや葉先に近い側で幅が最大になる細長い倒卵形（とうらんけい）。

表

生け垣などに使われる栽培種のレッドロビンの葉。

表

葉柄にも鋸歯がある。

頻繁に刈られることで、若葉がよく出る生け垣は赤くなる。レッドロビンは若葉がさらに鮮やかな赤色。

　温暖な地域の山地に生え、各地で生け垣として利用されている。赤い若葉が美しく、よく刈られる生け垣では冬以外の長期間、赤い葉を見ることができる。本種とオオカナメモチの雑種、レッドロビンは赤色がより鮮やかなので、よく植えられている。モチノキ（150ページ）に似ていて、材が堅く、扇の要（かなめ）に使われたことが和名の由来。

つながっている生き物

秋から冬にかけて気温が下がり、昆虫が少なくなると、赤い果実はヒヨドリやツグミなどに食べられる。
ヒヨドリはヒヨドリ科で全長27.5cm。

果実を食べるヒヨドリ。

ヤブツバキ

人にも鳥にも人気の木。

【藪椿】 *Camellia japonica* ツバキ科ツバキ属　別名：ツバキ

樹高： 低木　小高木　高木　3〜8m　花期→果期： 1 2 3 4 5 6 7 8 9 10 11 12
分布：本州〜沖縄

原寸大

葉先はとがる。

細かい鋸歯がある。

表

強い光沢があり、質感は厚い。

裏

　海沿いから身近な山野まで広範囲に生え、栽培用や観賞用に広く植えられる。5枚の赤い花弁の大きな花が真冬に咲き、花の中心の雄しべの黄色とのコントラストが美しく、春先まで残るので庭木として重宝され、栽培品種も多い。花には、メジロやヒヨドリなどの野鳥が蜜を求めてよく訪れる。秋に熟す果実の種子からは椿油が採れ、化粧品から食用まで広く利用される。葉は厚く、光沢が強いので「厚葉木（あつばき）」「艶葉木（つやばき）」と呼ばれたのが和名の由来とされる。

サザンカ

【山茶花】 *Camellia sasanqua*
ツバキ科ツバキ属

樹高： 低木 小高木 高木 5～6m
花期→果期： 1 2 3 4 5 6 7 8 9 10 11 12
分布：四国、九州、沖縄

不分裂 / 鋸歯 / 常緑 / 互生

原寸大

ヤブツバキと同じように厚く光沢があるが、小さい。

葉先はわずかにくぼむ。

細かい鋸歯がある。

葉柄や枝に毛が多い。

花
花弁は5枚で開かず、雄しべが集まる。

果実
秋に熟すと3つに割れ、種子が現れる。種子を絞ることで椿油を採ることができる。

黄色い雄しべはツバキのようにまとまらず離れ、5～7枚の白い花弁は1枚ずつ散る。

つながっている生き物

ツバキ類は野鳥にとって餌となる昆虫や果実の少なくなる真冬に花が咲くので、蜜を求めるメジロやヒヨドリなどの野鳥を効果的に呼び、効率的に花粉を運んでもらっている。鳥に花粉を運んでもらって受粉する花を鳥媒花という。

サザンカの花に来たメジロ。

暖かい地域の山地に生え、各地で庭木や生け垣にされる。晩秋から冬にかけて白い花が咲き、ヤブツバキと同じようにメジロやヒヨドリが蜜をなめに来る。ヤブツバキの花は丸ごと落ちて散るのに対し、本種は花弁が1枚ずつ散るという違いがある。種子からは油が採れ、ヤブツバキと同じように利用される。葉はヤブツバキより小さく、葉先がくぼむことで見わけられる。

シャリンバイ

葉が車輪のようにつく。

【車輪梅】 *Raphiolepis indica*　バラ科シャリンバイ属　別名：タチシャリンバイ

樹高：低木 小高木 高木　1〜4m　　花期→果期：1 2 3 4 5 6 7 8 9 10 11 12
分布：東北地方南部〜沖縄

70%

表面は
光沢が強い。

葉先に近いほうで幅が
最大になる倒卵形の
葉が、車輪状につく。

葉柄は普通、
赤みを帯びる。

鋸歯は
浅く、まばら。

葉脈が
網目状に
見え、目立つ。

表 / 裏

果実

球形で黒紫色の果実が枝先にびっしりつく。表面は白く粉をかぶっている。

かいでみよう

5月頃、車輪状に出た枝先に、梅に似た白い花が多数咲き、芳香を放つ。

　温暖な地域の海岸近くに生え、公園樹や庭木として植えられ、生け垣や植え込みに使われる。耐潮性があるので、特に海岸沿いの公園によく植えられる。枝葉が車輪状に出て、梅に似た白い花が咲くのが和名の由来。鋸歯がほとんどなく、葉が丸いタイプをマルバシャリンバイとすることがあるが、中間型もあり、見わけにくいことがある。樹皮は大島紬の染料として利用される。

ウバメガシ

最高級の炭の材料。

【姥目樫】 *Quercus phillyreoides* ブナ科コナラ属

樹高： 低木 小高木 高木　3〜5m　花期→果期： 1 2 3 4 5 6 7 8 9 10 11 12
分布：関東地方南部〜沖縄

不分裂／鋸歯／常緑／互生

70%

- 鋸歯は小さいが鋭い。
- だ円形で、基部は緩やかにカーブする。
- ［細長いタイプ］葉裏の葉脈は不明瞭。
- 質感がぱりぱりしている。
- 葉柄は短く、褐色の毛が生える。

表 / 裏

　温暖な地域の海岸近くに生え、植え込みや生け垣によく使われる。だ円形の葉が枝先に車輪状にまとまってつき、シャリンバイ（左ページ）に似るが、葉はぱりぱりした質感で、鋸歯は鋭く、葉柄に褐色の毛が多いなどの点で見わけることができる。材が堅く、良質な炭ができるので、最高級の炭、紀州備長炭の材料として使われている。

材は和歌山県で生産されている最高級の炭、紀州備長炭の材料として有名。ウバメガシ林から材を伐り出し、高温の窯で蒸し焼きにする。出来上がった炭は金属的な質感で、火持ちがとても良く、煙が出ないので雑味がつかないことから、うなぎを焼いたり、焼き鳥をするのに重宝されている。

刈り込まれて植え込みや生け垣にされることが多い。

ヤブコウジ

縁起物四種の末席。

【藪柑子】*Ardisia japonica* サクラソウ科ヤブコウジ属　別名：十両

樹高： 低木 小高木 高木 0.1〜0.3m　花期→果期： 1 2 3 4 5 6 7 8 9 10 11 12
分布：本州〜九州

原寸大

細かい鋸歯がある。

表

対生になることも多い。

基部はくさび形。

　山野に生え、庭木や鉢植えにされる。とても小さい木で、最大でも30cm程度。低い枝先に3〜4枚の葉が集まってつく。夏に白い花が、葉に隠れるように下向きに咲く。晩秋から冬にかけて赤い実をつけるのを縁起物として、正月の飾りに使う。別名の十両は、マンリョウ（119ページ）やセンリョウ（110ページ）と同じように寒い時期に真っ赤な目立つ果実をつけるが、木が小さいことや、果実の個数が少ないことから順位を下につけたもの。同属のカラタチバナが百両とされ、千両と万両はそのまま和名になっている。

縁起物 四種比較
果実の数で「順位」が決まったようだ。

十両（ヤブコウジ） 　百両（カラタチバナ） 　千両（センリョウ） 　万両（マンリョウ）

アセビ

馬が食べると酔っぱらう木。

【馬酔木】 *Pieris japonica* ツツジ科アセビ属　別名:アセボ、アシビ

樹高： 低木 小高木 高木　1〜3m
花期→果期： 1 2 **3 4 5** 6 7 8 **9 10** 11 12
分布：東北地方南部〜九州

原寸大

鋸歯はとても小さい。

葉先に近いほうで幅が最大になる細い倒卵形。

表

裏

基部は鋭いくさび形でやや直線的。

不分裂 / 鋸歯 / 常緑 / 互生

樹皮：縦にややねじれながら裂け、はがれる。

花：春先にスズランのような、小さく白い壺形の花が鈴なりに咲く。赤い若葉も美しい。

　山地の尾根付近など日当たりのよい場所などに生え、庭木や公園樹として植えられる。細い倒卵形の葉は明るい緑色で、枝先に集まってつく。若葉は赤くなることが多い。本種は有毒植物で、葉を食べた馬が酔ったようになってしまうことから、「足しびれ」が変化したのが和名の由来。かつては葉を煮出して殺虫剤として利用した。

チャノキ

鍛えられた腹筋のような凹凸。

【茶ノ木】 *Camellia sinensis* ツバキ科ツバキ属　別名:チャ

樹高： 低木 小高木 高木　2〜3m　花期→果期： 1 2 3 4 5 6 7 8 9 10 11 12（翌年）
分布：中国原産

原寸大

鋸歯は目立つが、鈍い。

表面の凹凸が目立ち、鍛えられた腹筋あるいは亀の甲羅のようにみえる。

葉先はくぼむことが多い。

表

裏

花
秋に白い花が下向きに咲く。ヤブツバキと同じように雄しべが密生し、雄しべの先の黄色が目立つ。

果実
球形だが、いびつな形のものも多い。熟すと3つに裂けて、直径1.5cm前後の球形の種子が現れる。

　私たちの生活に最も関わりの深い木の一つ。本種の若葉を摘んで加工したものが緑茶である。中国原産で、全国各地で栽培される他、畑の周りや庭に植えられ、以前に田畑だった場所に本種が残っていることもあり、各地で野生化している。秋、ヤブツバキ（122ページ）に似たつくりの白い花が下向きに咲く。果実は球形だが、いびつな形のものも多く、ヤブツバキと同じように熟すと3つに裂ける。葉は表面の凹凸が目立ち、よく鍛えられて割れた腹筋のように見える。

ヒサカキ

ガス漏れ騒ぎを起こした木。

【桧】 *Eurya japonica*　サカキ科ヒサカキ属　別名：シャシャキ

樹高：低木　2〜5m　花期→果期：3 4　10 11
分布：本州〜沖縄

不分裂 / 鋸歯 / 常緑 / 互生

80%

葉先側で幅が最大になる。

葉先が細長く出て、わずかにくぼむ。

鋸歯は目立つが、鈍い。

表

葉脈が大きめの網目模様になる。

裏

樹形
低い位置で枝分かれして株立ちし、直線的に枝を伸ばす樹形が特徴的。

身近な山野に普通に生え、神社や公園に植えられる。根元からすぐに枝分かれして株立ちし、枝を直線的に伸ばす樹形になる。葉は中央より葉先側で幅が最大になる倒卵形で、少し飛び出した葉先がわずかにくぼみ、イルカの口のようにも見える。身の回りで見られる木で、葉先がくぼむ特徴をもつものは少なく、チャノキ（左ページ）、サザンカ（123ページ）、ハマヒサカキ（132ページ）くらいである。本種は枝葉を神前に供えるなど神事に用いられる。東日本には神事に使われるサカキ（148ページ）が少ないため、その代用として使われている。

かいでみよう

春先に、やや黄を帯びた白い花が、枝にびっしり並び咲く。花はガスに似た強い臭気を放ち、このにおいをガス漏れと勘違いして通報した人がいるほど。ただ、なかには良い香りだという人も。においをどう感じるかは個人差もあるので、実際に自身で確かめてみよう。

129

ピラカンサ類 | バラ科タチバナモドキ属
Pyracantha spp.

鮮やかな赤や橙の果実がびっしりの「ピラカンサ」は総称。

　庭木や公園樹として各地に植えられ、野生化している。ピラカンサは総称で、主に西アジア原産のトキワサンザシ、ヒマラヤ原産のカザンデマリ、中国原産のタチバナモドキの3種を属名で呼んでいるもの。春に小さく白い花が満開に咲く姿は、木に雪が降り積もったように見事で、秋から冬にかけて熟す果実も、鮮やかな赤や橙色がびっしりとついて美しいので、観賞用として人気があり、園芸品種も多い。3種とも葉は細長いだ円形で、枝先にとげがあるのが特徴。雑種も多く、識別するのが難しいケースも多い。

中央よりも葉先寄りで幅が最大になる細い倒卵形(とうらんけい)。

両面とも毛はない。

果実は直径約6mmの扁平した球形。晩秋から冬にかけて真紅に熟す。

細かい鋸歯がある。

表

80%

トキワサンザシ

【常盤山査子】 *Pyracantha coccinea*
バラ科トキワサンザシ属

樹高： 低木 小高木 高木 2〜6m
花期→果期： 1 2 3 4 5 6 7 8 9 10 11 12
分布：西アジア原産

　葉は3種の中では幅があって長さが短く、靴べらのような形。表面の光沢は強く、濃い緑色。表裏とも毛はない。果実は扁平した球形で鮮やかな赤色。直径は約6mmで同じ赤色のカザンデマリの果実よりも小ぶりである。

つながっている生き物

果実はヒヨドリなどが食べるが、鮮やかに熟しても長期間食べられずに残っていて、他に食べる果実がなくなった後に、ようやく食べられる。イイギリ(22ページ)も同じである。色彩が鮮やかな果実は、味がおいしくないので、おいしそうに見せているというが、実際のところはどうなのだろう。

実を食べるヒヨドリ。

細長いだ円形。

毛はない。

表

裏

鋸歯がある。

果実

果実は扁平な球形で、3種の中では最も大きく、鮮やかな赤色に熟す。

80%

毛が密生する。

裏

表

鋸歯がない。

果実

果実は黄橙色。

80%

不分裂

鋸歯

常緑

互生

カザンデマリ

【花山手毬】 *Pyracantha crenulata*
バラ科トキワサンザシ属　別名:ヒマラヤトキワサンザシ

樹高： 低木 小高木 高木　2〜4m
花期→果期： 1 2 3 4 5 6 7 8 9 10 11 12
分布：ヒマラヤ原産

　葉には鋸歯があり、毛はない。トキワサンザシより幅が狭く、細長い。果実は直径約8mmと3種の中では最も大きく、扁平な球形。

タチバナモドキ

【橘擬】 *Pyracantha angustifolia*
バラ科トキワサンザシ属

樹高： 低木 小高木 高木　2〜4m
花期→果期： 1 2 3 4 5 6 7 8 9 10 11 12
分布：中国原産

　葉の裏に毛が密生することや、果実が黄橙色という点で、他2種と容易に区別できる。果実の形と色がミカン科のタチバナに似るのが和名の由来。

ハマヒサカキ

海岸に生える、ヒサカキの弟分。

【浜柃】 *Eurya emarginata*　サカキ科ヒサカキ属　別名：マメヒサカキ

樹高： 低木　小高木　高木　4～6m　花期→果期： 1 2 3 4 5 6 7 8 9 10 11 12
分布：関東地方南部～沖縄

原寸大

主脈がくぼみ、谷折りしたよう。

肉厚で強い光沢があり、革のような質感。

葉のふちが、やや裏側へ巻く。

ヒサカキと同じように葉先がくぼむ。

裏

表

葉柄はごく短い。

植え込みの姿からは想像できないが、6mにもなることがある。一方、風が強い海岸では伏せた樹形になることが多い。

果実

ヒサカキに似ていて、黒紫色に熟す。

かいでみよう

花

ヒサカキによく似ていて、同じように強い臭気がある。

　温暖な地域の海岸沿いなどに生え、生け垣や植え込みとして植えられる。葉は葉先に近い方で幅が最大になる倒卵形で、主脈と葉先はくぼみ、光沢が強く、革のような質感がある。花や果実はヒサカキ（129ページ）に似ているが、花期は晩秋から冬にかけてである。ヒサカキと同じように、花には強い臭気がある。

イヌツゲ

役に立たないツゲ？

【犬柘植・犬黄楊】 *Ilex crenata* モチノキ科モチノキ属

樹高： 低木　1～10m　花期→果期： 6 7　10 11
分布：北海道～九州

原寸大

主脈は明るい緑色で目立つ。

表

[マメツゲの葉]
光沢と丸みが強く、反り返る。

表

裏

互生で鋸歯があるのがツゲとの違い。

葉脈はほとんど見えない。

樹形（野生）
海岸など風が強い環境では低く伏せた樹形になる。

樹形（庭木）
庭木として刈り込まれている姿をよく見かける。

果実
直径5～6mmで晩秋に黒く熟す。キジバトやツグミなどの野鳥が食べる。

不分裂 / 鋸歯 / 常緑 / 互生

　身の回りの山野に生え、庭木や生け垣、植え込みにされる。幹は低い位置からよく枝分かれし、少しくねった樹形になる。卵型の小さな葉が特徴で、和名の由来であるツゲ（169ページ）に似るが、ツゲが全縁で対生なのに対し、本種は鋸歯があって互生なので明確に見わけられる。ツゲに似ていて材質が劣ることが和名の由来。植物の分野では、似ている他の種よりも材などが劣る場合に、蔑称の意味で「イヌ」を和名に冠することが多い。葉がより丸く、反り返るマメツゲや、新芽が黄金色になるキンメツゲなどの園芸品種もある。

133

タイサンボク　スケールが大きく、香りと手触りも良い木。

【泰山木・大山木】　*Magnolia grandiflora*　モクレン科モクレン属　別名：ハクレンボク

樹高： 低木　小高木　■高木　10〜15m　花期→果期： 1 2 3 4 5 6 7 8 9 10 11 12
分布：北米原産

80%

光沢が強く
てかてか。

裏

表

質感は堅く
ぱりぱりし、
反り返っている。

触ってみよう
褐色の毛が密生し、金色に見える。ビロードのような手触りを確かめてみよう。

葉柄が堅い
ので、葉が
垂れずに立つ。

北米原産で、庭木や公園樹として植えられる。肉厚で大形の葉はてかてかと光沢が強く、つるつるした手ざわりで質感は堅く、ぱりぱりしている。葉のふちは裏へ反り返り、葉裏は金色に見えるほど褐色の毛が密生して手触りがよい。直立した樹形で、葉が垂れずに放射状に立ってつくので、遠くからでも本種だとわかりやすい。初夏に巨大な白い花が咲き、甘くさわやかな芳香を放つ。

不分裂

全縁

常緑

互生

樹形
幹はまっすぐ伸び、直立した卵形の樹形になり、大きいものでは20mにもなる。

果実
袋状の果実が集まった集合果。秋に熟し、裂けて赤い種子が現れる。

かいでみよう

初夏に咲く白い花は、直径20cmにもなり、国内で見られる樹木の花としては最大級。甘さの中にベルガモットオレンジに似た柑橘類のさわやかな香りが混ざったような芳香がする。

ユズリハ

子孫繁栄を象徴する縁起の良い木。

【譲葉】*Daphniphyllum macropodum* ユズリハ科ユズリハ属

樹高：低木 小高木 **高木** 5〜10m
花期→果期：1 2 3 4 **5 6** 7 8 9 10 **11 12**
分布：北海道〜九州

50% 大形で細長く、やや葉先側で幅が最大になる細い倒卵形。

葉先は小さくとがる。

シロダモ（140ページ）のように、粉を吹いたような白さ。

山地に生え、庭木や公園樹として植えられる。タイサンボク（134ページ）の葉が枝先に集まって放射状に立って生えるのと対照的に、本種は葉が枝先に集まって生え、垂れ下がるのが特徴。春に枝先に若葉が生え、その下に花が咲いて、古くなった葉が黄葉して垂れ下がる。その様子を若い世代に主役を譲る世代交代に見立てたのが和名の由来で、子孫繁栄を象徴する縁起の良い木とされている。

主脈の黄緑色が目立ち、側脈の網目が大きい。

新葉は枝先から上向きに伸び、古い葉は垂れ下がって黄葉する。

葉柄は赤みを帯びることが多い。

ヒメユズリハ

【姫譲葉】*Daphniphyllum teijsmannii*
ユズリハ科ユズリハ属

樹高：低木 小高木 **高木** 3〜10m
花期→果期：1 2 3 4 **5 6** 7 8 9 10 **11 12**
分布：関東地方南部〜沖縄

海沿いに生え、庭木や公園樹として植えられる。葉はユズリハよりも小さくて細く、葉先にかけて狭まってとがり、葉裏は細かい網目状の葉脈が目立つ。

50% ユズリハよりも小さく、細くとがる。

細かい網目状の葉脈が目立つ。

マテバシイ

大きくておいしいどんぐり。

【馬刀葉椎・全手葉椎】 *Lithocarpus edulis* ブナ科マテバシイ属

樹高： 低木 小高木 **高木** 10〜15m
花期→果期： 1 2 3 4 5 **6** 7 8 **9** 10 11 12（翌年）
分布：本州〜沖縄

70%

少し金色を帯びる点に注目したい。大きさや形がよく似るタブノキ（141ページ）は裏が緑白っぽい。

葉先は丸く、小さく突き出す。

裏

表

大形で長い倒卵形。

基部はくさび形で、狭くなる。

不分裂

全縁

常緑

互生

関東地方以西で野生化しているが、本来の自生地は九州から沖縄といわれる。公園樹や街路樹として各地に植えられる。本種のどんぐりは大人の指先ほどの大きさで、スダジイ（147ページ）と同じように生のまま食べることができ、おいしい。本種の葉はブナ科の常緑樹として最大級であり、葉先に近いほうで幅が最大になる倒卵形で、葉先が小さく突き出ること、基部が細いくさび形であることなどが特徴。どんぐりや葉がマテ貝に似ることが和名の由来という説があるが、マテ貝は細長い長方形なので、どうもしっくりこない。

食べてみよう

どんぐりは翌年の秋に熟す二年成。一年目のどんぐりが小さいのを確認してみよう。指先のような形の大きなどんぐりは、殻を割ってそのまま食べられるし、フライパンなどで炒ると、風味が増して香ばしく、さらにおいしい。野味を楽しもう。

137

シャクナゲ類

大きな花芽と葉裏の色。

【石楠花】 *Rhododendron* spp. ツツジ科ツツジ属

90%

[セイヨウシャクナゲ]
通常、毛はなく、
明るい緑色。

裏

[ホンシャクナゲ]
細長い
倒卵形(とうらんけい)。

表

葉のつき方
ユズリハに似て、葉は枝先に集まって垂れるが大きな花芽がある（セイヨウシャクナゲ）。

花
春から初夏にかけて、枝先に直径5cmほどの花が集まって咲く。色は淡紅紫色。

　山地深くの尾根や岩場などに生え、庭木や公園樹として植えられる。春から初夏にかけて枝先にピンク色の花が集まって咲き、1つの大きな花のように見える。細長い大形の葉が枝先に集まって垂れるので、ユズリハ（136ページ）に似ているが、本種は枝先に大きな花芽がある。ユズリハの葉裏が粉を吹いたように白っぽいのに対してホンシャクナゲは褐色の毛があり、ベージュから橙色で、公園によく植えられる栽培品種のセイヨウシャクナゲは明るい緑色のものが多い。

アカガシ

どんぐりのキャップはビロードの手触り。

【赤樫】 *Quercus acuta* 　ブナ科コナラ属　別名：オオガシ、オオバガシ

樹高： 低木　小高木　**高木**　20m前後　　花期→果期：1 2 3 4 **5 6** 7 8 9 **10** 11 12（翌年）
分布：東北地方南部～九州

70%

不分裂 / 全縁 / 常緑 / 互生

明るい緑色。

葉先近くに波状の鋸歯が出ることがある。

葉先は細長く伸びる。

葉の幅はほぼ中央で最大になる細い卵形。

裏　表

葉柄は2～4cmと長い。

樹皮
生長とともにひび割れが目立ち、成木ではうろこ状にはがれる。

触ってみよう

どんぐりは翌年の秋に熟す2年成。殻斗（どんぐりを包むキャップの部分）は毛に覆われ、ふかふかしたビロードのような手触りが気持ちいい。

　山地に生える高木。コナラ属で唯一、全縁の葉で葉柄が長いこと、葉先が細長く伸びることが特徴で、葉裏は明るい緑色。材が赤みを帯びるのが和名の由来で、堅く良質で、木目も美しいので、木刀や農具など道具類の柄や建材などに利用される。春から初夏にかけて、若葉が出ると同時に、ひも状の雄花が多数ぶら下がり目立つ。樹皮は成木になると、うろこ状にはがれる。

シロダモ　3本に分かれる葉脈と、葉の裏の白さがポイント。

【白だも】 *Neolitsea sericea* クスノキ科シロダモ属　別名：シロタブ

樹高： 低木　小高木　**高木**　10m前後　花期→果期： 1 2 3 4 5 6 7 8 9 **10 11** 12（翌年）
分布：東北地方南部〜沖縄

60%

細長いだ円形で、中央から狭くなり、葉先は細長く伸びる。

表

裏

粉を吹いたように白い。

葉脈は基部から3本に分かれて伸びる。

　身近な山野に普通に生えるクスノキ科の高木。やや長いだ円形の葉を見ると、葉脈が基部からすぐの所で3本に分かれて伸びているのが目立つ。これを三行脈（さんこうみゃく）といい、同じクスノキ科のクスノキ（142ページ）、ヤブニッケイやニッケイ（152ページ）と共通の特徴である。葉の裏が粉を吹いたように白いのが和名の由来であり、本種を見わけるポイントである。葉は枝先に集まってつく。

葉のつき方
枝先に集まってつく。

樹皮
灰色で細かい皮目が多い。

果実
翌年の秋から晩秋にかけて熟し、花期と重なるので花と果実を同時に見ることができる。

タブノキ

海沿いの常緑樹林の代表種。

【椨木】 *Machilus thunbergii* クスノキ科タブノキ属　別名：イヌグス

樹高：~~低木~~ ~~小高木~~ **高木** 10〜20m　花期→果期：~~1~~ ~~2~~ ~~3~~ **4** **5** ~~6~~ **7** **8** ~~9~~ ~~10~~ ~~11~~ ~~12~~
分布：本州〜沖縄

80%

不分裂/全縁/常緑/互生

葉先が短く突き出る。

長い倒卵形。

白っぽく、明るい緑色。

表　裏

枝先に卵形の大きい芽がつき、目立つ。

　海沿いの林や低山に生え、特に温暖な地域に多い。公園樹や街路樹としても植えられる。幹は直立し、すらっとした樹形になる。各地に巨木が多く、大きいものでは30mに達することもある。葉は葉先側で幅が最大になる倒卵形で細長く、大きさや形がマテバシイ（137ページ）に似ているが、マテバシイの葉裏が金色っぽいのに対し、本種は白っぽく明るい緑色という点で見わけられる。また、本種は枝先の芽が大きくて目立つので、併せて確認すれば確実である。樹皮は白っぽい褐色で、樹液にはクワガタムシ類が集まる。

樹形：幹はまっすぐ伸び、卵形の雄大な樹形になる。

樹皮：白っぽい褐色。皮目は細かいいぼ状。

クスノキ

印象的なカンフルの香りでリラックス。

【樟・楠】*Cinnamomum camphora*　クスノキ科クスノキ属　別名：クス

樹高： 低木　小高木　**高木**　20m以上　　花期→果期： 1 2 3 **4 5** 6 7 8 9 **10 11** 12
分布：関東地方〜九州

原寸大

葉先は細長く出る。

ふちが波打つ。

表

基部はくさび形。

[ダニ部屋]
葉脈の分岐には膨らみがあり、ダニの仲間がいることが多い。ダニにすみかを提供し、他の害虫を退治してもらっているといわれる。サクラ類（38ページ）の蜜腺とは異なる方向性で、害虫を退治してくれる用心棒を雇っている。

裏

基部からすぐに葉脈が3本に分かれて伸びる三行脈（さんこうみゃく）。

かいでみよう

落ち葉をちぎったり、枯れ枝を折ると、つんと刺激のある薬っぽい香りと柑橘類の香りを合わせたような、カンフルの香りがする。印象的な香りで、ひとときリラックスしよう。

温暖な地域の山地に生え、公園や社寺に植えられ、街路樹も多い。スギ（306ページ）と並んで、国内で最も大きくなる樹種で、枝を分岐させてもこもこした樹形になる。象徴的な巨木としてアニメや映画にもよく登場する。社寺に大木が多く、神木として崇められているが、仏像や建材として利用するために植えられ、残されてきた側面もある。落ち葉をちぎると少し刺激があり、かつ爽快な香りがする。本種は木全体にカンフルという成分を含み、かつては樹皮から樟脳を抽出し、防虫剤として利用していた。長寿の巨木が多いのは防虫成分を含むからかもしれないが、アオスジアゲハなど、平気でこの木を食草とする昆虫もいる。生き物はしたたかで面白い。

不分裂

全縁

常緑

互生

樹形

鹿児島県蒲生市の大クス。樹齢1500年といわれ、高さ30m、幹周り22m以上にもなる。国内の巨木の上位を本種が占めている。

つながっている生き物

防虫成分を含み、昆虫を寄せつけないクスノキだが、なかには平気な昆虫もいる。アオスジアゲハの幼虫はクスノキの葉を餌（食草）としている。このため、街中でも街路樹のクスノキに産卵のために来ているアオスジアゲハを見かけることもある。

探してみよう

樹皮

縦に深く裂ける。

アオスジアゲハ

サネカズラ

美男の葛?

【真葛・実葛】 *Kadsura japonica* マツブサ科サネカズラ属　別名：ビナンカズラ

樹高： 低木　小高木　高木　つる性　　花期→果期： 1 2 3 4 5 6 7 8 9 10 11 12
分布：関東地方～沖縄

原寸大

鋸歯

まばらに鋸歯がある。

卵形でふちは波打つ。

常緑性だが、寒さで紅葉する。

表　裏

つる
ムクノキをはい登っている。

樹皮
樹皮を煮出した粘液を整髪に用いたのが別名の由来。

果実
小さな赤い果実が球状に集まる。

　山野に自生する、つる性の常緑樹で、庭木や生け垣に使われる。全縁に見える卵形の葉には、通常まばらに鋸歯があるが、全縁の葉もあって混在する。常緑性だが、葉は寒さで紅葉する。晩秋に赤く熟す果実は、球状に集まってぶら下がるので、良く目立つ。かつて、樹皮から採れる粘液を整髪料として使ったのが別名「美男葛（びなんかずら）」の由来である。

ヤマモモ

モモとは別の、おいしい果実。

【山桃】 *Morella rubra* ヤマモモ科ヤマモモ属

樹高：低木 小高木 **高木** 5〜15m　花期→果期：1 2 3 **4** 5 6 **7 8** 9 10 11 12
分布：関東地方南部〜沖縄

不分裂 / 全縁 / 常緑 / 互生

90%

葉先は少しとがる。

細長い倒卵形(とうらんけい)で集まってつく。

表

鋸歯が出ることがある。

街路樹として植えられることが多い。

果実
そのまま食べることができ、甘酸っぱい。ジャムや果実酒にするのもよい。

　温暖な地域の山野に生え、街路樹や公園樹として植えられる。幹はよく枝分かれし、丸みのある樹形になる。葉は細長い倒卵形(とうらんけい)で、枝先に集まってつく。6月ごろ、街や公園を歩いていると果実が沢山落ちていて、本種の存在に気づくことがある。果実は食べることができ、甘酸っぱくておいしく、果樹として栽培する地域もある。ジャムや砂糖漬け、果実酒にもよい。和名の意味は山に生える桃だが、モモ（57ページ）とは別種である。

カゴノキ

迷彩色の美しい木。

【鹿子木】*Litsea coreana*　クスノキ科ハマビワ属　別名：コガノキ、カゴガシ

樹高：低木　小高木　**高木**　20m前後　　花期→果期：1 2 3 4 5 6 7 **8 9** 10 11 12（翌年）
分布：関東地方～沖縄

90%

葉先は短く出る。

タブノキをそのまま小さくしたような倒卵形（とうらんけい）。

芽はとがる。

表

裏

タブノキ同様、白っぽい。

枝の色でもタブノキと区別できる。

　温暖な地域の低山に生え、タブノキ林やカシ林に混ざる。最大の特徴は樹皮がうろこ状にはがれ落ちて鹿の子模様になることで、これが和名の由来である。これだけでも見わけられるが、樹皮がはがれない若木の場合はそうはいかない。葉はタブノキ（141ページ）をそっくりそのまま小さくしたような形で、葉裏が白っぽい点も共通で区別が難しいが、芽の形がポイント。タブノキの芽が卵形なのに対し、本種は細長くとがる点で見わけることができる。芽が見えない場合は樹皮の色を見よう。タブノキは白っぽく、いぼ状の皮目が入るが、本種は茶褐色である。果実は翌年の花期に熟すので、花と果実を同時に見ることができる。

樹皮

この木の最大の特徴。成木の樹皮は細かくはがれて、白、緑、黒、褐色の混ざった迷彩色のような模様になる。

スダジイ

葉裏が金色のシイは、どんぐりが美味。

【すだ椎】 *Castanopsis sieboldii* ブナ科シイ属　別名：シイ

樹高：高木 15〜20m　花期→果期：5 6（翌年9 10 11）
分布：東北地方南部〜沖縄

不分裂／全縁／常緑／互生

90%

葉先は細長く伸びる。

ふちの途中から葉先にかけて鋸歯のある葉。比較的多い。

表

鋸歯

表

裏

金色っぽく見える。

樹皮
縦に深く裂ける。西日本に多いイチイガシやツブラジイと見わけるポイントの一つ。

食べてみよう

どんぐりは翌年の秋に熟す2年成。はじめは殻斗に包まれているが、熟してくると殻斗が3裂し、中からどんぐりが現れる。マテバシイ（137ページ）同様、生のままでも食べられるが、軽く煎って食べると風味が増してよい。

　温暖な地域の山野に生え、公園樹として植えられる。本種はどんぐりを生のまま食べることができ「シイの木」と呼ばれて親しまれている。子供の頃に「シイの実」を拾って、おやつとして食べた人も少なくないだろう。葉裏の色が金色に見えるのが大きな特徴で、さらに樹皮が縦に裂けていれば、まず本種とみて間違いない。全縁の葉と鋸歯のある葉が混在することも大きな特徴であり、注意すべき点でもあるので、必ず複数箇所の葉を確認するようにしたい（本書では全縁に含める）。同属のツブラジイ（別名コジイ）が本種に似るが、樹皮が裂けない点で、見わけることができる。

サカキ

木へんに神と書いてサカキ(榊)。

【榊】 *Cleyera japonica*　サカキ科サカキ属　別名:ホンサカキ

樹高: 低木　小高木　高木　4〜6m　花期→果期: 1 2 3 4 5 6 7 8 9 10 11 12
分布:関東地方〜沖縄

80%

卵形で、葉先が短く出る。

枝先の芽が長く伸び、タカの爪のように曲がりながら、とがる。

表

裏

樹皮
なめらかで、赤みを帯びる。

花
咲き始めは白っぽい半透明で、雨に濡れると透明感が増す。神木ということもあり、透明な花が神秘的に見える。時間が経つと黄色ぽくなる。

果実
晩秋から冬にかけて黒く熟す。

　温暖な地域の山地に生え、神事に用いられるので神社によく植えられる。本種は特徴のない平凡な葉でモチノキ(150ページ)に似るが、枝先に爪のような、とがった芽がある点で見わけることができる。樹皮が赤みを帯びるのも特徴である。木へんに神と書く漢字名の通り、神木として枝葉を神棚にお供えしたり、お祓いの玉串に使う。和名は栄える木に由来する。本種は東日本には少ないので、神事にはヒサカキ(129ページ)がよく代用される。

クロガネモチ

葉柄や枝が黒紫色になる。

【黒鉄黐】*Ilex rotunda*　モチノキ科モチノキ属

樹高：~~低木~~ ~~小高木~~ 高木　10m前後　花期→果期：6 11 12
分布：関東地方〜沖縄

不分裂 / 全縁 / 常緑 / 互生

原寸大

幅広の卵形でトウネズミモチに似るが互生。

裏 / 表

ふちどりのように明るい色に見える。

新しい枝や葉柄は黒紫色を帯びる。

　温暖な地域の常緑樹林などに生え、自生は西日本に多い。庭木や公園樹、街路樹として植えられる。同属のモチノキ（150ページ）と同じく樹皮から鳥もちが採れ、新しい枝や葉柄が黒紫色を帯びるのが和名の由来。これは葉が似ているモチノキとの違いを見わけるポイントでもあり、本種の方が幅が広く、ふちが明るく見える点と併せて確認したい。また、幅広の葉がよく似ているトウネズミモチ（164ページ）は葉の生え方が対生なのに対して本種は互生なので見わけることができる。

樹形
通常10m前後だが、まれに20mにもなることがある。

樹皮
灰白色で細かな皮目が入る。樹皮からは鳥もちが採れる。

果実
晩秋から初冬にかけて真っ赤に熟す果実もモチノキに似ているが、本種の方がやや小さく、集まってつく。

モチノキ

目立った特徴がないのが特徴。

【糯木】 *Ilex integra* モチノキ科モチノキ属

樹高: 低木 小高木 高木 5〜10m 花期→果期: 1 2 3 **4** 5 6 7 8 9 10 **11 12**
分布: 東北地方南部〜沖縄

原寸大

葉先が短く出る。

幼木や剪定後の枝では鋸歯のある葉が出ることが多い。（鋸歯）

表　表　裏

表裏とも葉脈はほぼ見えない。

　海岸近くの常緑樹林に生え、関東に多い。庭木や公園樹として植えられる。葉に目立った特徴がないのが本種の特徴。やや細いだ円形で、表裏とも葉脈がほとんど見えず、のっぺりしている。よく似ているサカキ（148ページ）は枝先に細長いツメのようにとがった芽があるが本種にはなく、サカキの樹皮は赤みを帯びるが、本種は灰白色といった点で見わけられる。かつて樹皮から鳥もちを採ったのが和名の由来で、同じように鳥もちが採れる木の中でも、特に本種から採ったものがシロモチと呼ばれ、最良とされた。幼木や剪定した箇所からは鋸歯のある葉が出ることがあるので注意したい。

樹形: 枝葉が密につき、まとまった樹形になる。まれに30mにもなることがある。

樹皮: 基本は灰白色だが、藻類がついてサカキと似た橙色に見えることも少なくないので注意する。良質な鳥もちを作る原料となるが、現在は野鳥を捕獲することは禁じられている。

果実: モチノキ属の中では最も大きく直径約1cm。クロガネモチと比べると、ややまばらにつく。

ソヨゴ

風にそよいで音を出す木。

【冬青】*Ilex pedunculosa* モチノキ科モチノキ属　別名：フクラシバ

樹高： 低木 **小高木** 高木　3〜7m　花期→果期： 1 2 3 4 5 **6 7** 8 9 **10 11** 12
分布：関東地方〜九州

不分裂／全縁／常緑／互生

原寸大

葉先がとがる。

側脈がうっすら見える。

ふちが波打つ。

表

主脈が明るい緑色で目立つ。

裏

側脈はほとんど見えない。

聴いてみよう

風の強い日に、ソヨゴの葉の音を聴いてみよう。

樹皮　灰褐色で縦に短く皮目が入る。

果実　果柄が長いのが大きな特徴。果柄1本に直径約8mmの果実が1つつく。打楽器を叩くマレットのようで、ユニークな形。

マレット

　山地の乾燥した林内や尾根などに生え、西日本に多く、庭木にされることもある。葉が平凡で特徴がないモチノキ（左ページ）と同じ仲間だが、こちらは個性が強く、葉は主脈が明るい緑色で目立ち、ふちが波打つ。秋に赤く熟す果実の柄が長いのが大きな特徴で、打楽器を叩くマレット（先に布の玉がついているバチ）のような形でユーモラス。堅めの葉が、風にそよいで音を出すことが和名の由来だとされるが、この果実が風にそよいで葉を叩き、音を出すのかもしれない。材の用途も音に関わる。本種の材は緻密で白く、アコースティックギターの象嵌（音が出る穴の周囲の装飾部分）に使われる。

ニッケイ

甘くスパイシーな香り。

【肉桂】 *Cinnamomum sieboldii* クスノキ科クスノキ属　別名:ニッキ

樹高: 低木 小高木 **高木** 15m前後　花期→果期: 1 2 3 4 **5 6** 7 8 9 10 **11 12**
分布:沖縄

60%

粉を吹いたように白い。

ヤブニッケイに比べて葉先側が細長く、とがる。

ふちが波打つ。

　ニッケイは沖縄の山中に自生する常緑高木。枝葉や樹皮、根にシナモンのような、甘くスパイシーな香りがあるので、菓子の香料(ニッキ)や薬用に使われ、江戸時代から栽培されてきた。葉脈が基部のすぐ上で3本に分岐する三行脈の葉が特徴。
　ヤブニッケイは西日本の常緑樹林に多く、ニッケイに似るが香りが弱く、材も利用されず、劣ることが和名の由来。コクサギ型葉序(191ページ)が見られる。

かいでみよう

少し葉をちぎるだけで、シナモンのような甘くスパイシーな香りがする。

裏

表

三行脈は基部のやや上で分岐する。

厚みがあり、質感は革質。

60%

ふちは波打つ。

表

ヤブニッケイ

【藪肉桂】 *Cinnamomum yabunikkei*
クスノキ科クスノキ属
別名:マツラニッケイ、クスタブ、クロダモ

樹高: 低木 小高木 **高木** 15m前後
花期→果期: 1 2 3 4 5 **6** 7 8 9 **10 11** 12
分布:関東地方〜沖縄

基部の少し上で葉脈が3本に分かれる。

明るい緑色で、やや白い。

裏

ゲッケイジュ 煮込み料理に欠かせないハーブ。

【月桂樹】 *Laurus nobilis*　クスノキ科ゲッケイジュ属　別名:ローレル

樹高: 低木　小高木　高木　10m前後　花期→果期: 1 2 3 4 5 6 7 8 9 10 11 12
分布:地中海沿岸原産

不分裂／全縁／常緑／互生

80%

葉先は短くとがる。

ふちが波打つ葉と、波打たない葉がある。

表　表

側脈のつけ根に、ダニ部屋があることがある。

本種の葉は「ベイリーフ」や「ローレル」と呼ばれ、カレーやシチュー、スープなどの煮込み料理の香りづけや、肉の臭み消しに使われるハーブである。原産は地中海沿岸で、国内に渡来したのは明治時代である。庭木や公園樹として各地に植えられる。葉は主脈が明るい色で目立ち、ふちは波打つ。クスノキ（142ページ）と同じようなダニ部屋が、側脈のつけ根にあることもある。葉だけでなく、10月頃に黒紫色に熟す果実にも芳香がある。

ユズ 翼ととげが特徴。

【柚子】 *Citrus junos*
ミカン科ミカン属

樹高: 低木　小高木　高木　3〜4m
花期→果期: 1 2 3 4 5 6 7 8 9 10 11 12
分布:中国原産

中国原産の果樹として西日本を中心に栽培され、その歴史は平安時代にまでさかのぼる。本種は果実がなっていない時期でも、葉や枝に特徴があるので見わけやすい。葉柄には大きな翼がついていて、大小2枚を組み合わせた葉が枝に直接ついているように見える。葉柄の基部の枝から鋭いとげが伸びるのも目立つ特徴である。果実だけでなく、葉もユズの芳香がする。

葉先は細長く伸びる。

80%

裏　表

葉柄に大きな翼がある。

葉柄の基部から鋭いとげが伸びる。

イスノキ

昆虫が笛をつくる木。

【蚊母樹・柞】 *Distylium racemosum*　マンサク科イスノキ属　別名：ヒョンノキ

樹高：低木 小高木 **高木** 10〜20m　花期→果期：1 2 3 **4 5** 6 7 8 9 **10** 11 12
分布：東海地方〜沖縄

原寸大

葉先に近いほうのふちに
段がつくことが多い。

表

革質で光沢が強い。

裏

明るい緑色で、
葉脈がはっきり
見える。

芽は
茶色い毛に
覆われる。

表

虫こぶがたくさん
ついていることで
見わけられる。

❗ 吹いてみよう

木化した虫こぶは最大で10cmにもなる。虫の脱出口を吹くと、ヒョーという音が出るので、この虫こぶはヒョンの実と呼ばれ、本種はヒョンノキの別名で呼ばれる。

　温暖な地域の山地に生え、庭木や公園樹として植えられる。本種は複数の種類のアブラムシなどに寄生され、枝葉とも虫こぶだらけである。虫こぶは虫えいともいい、ハエやハチ、ダニやアブラムシなどの昆虫に寄生された刺激に反応し、植物の組織が異常な発育をしたもの。膨らんで木化した虫こぶの、虫が脱出した穴を吹くと、ヒョーという音が出て笛のようである。この虫こぶが「ヒョンの実」と呼ばれ、それが実る木というのが別名の由来。もちろん実といっても本当の果実ではなく、虫こぶを実に見立てたものである。

ジンチョウゲ

三大芳香花の春の花。

【沈丁花】 *Daphne odora* ジンチョウゲ科ジンチョウゲ属

樹高： 低木 1〜2m　花期→果期： 3 4 / 6
分布：中国原産

不分裂 / 全縁 / 常緑 / 互生

表裏とも側脈はほとんど見えない。

葉先側で幅が最大になる。

表 / 裏

しわが目立つ葉が多い。

　中国原産で、室町時代に渡来したといわれる。花の香りが良いので、庭木として植えられる。早春、枝先に集まって、手まり状に咲く花は白あるいは淡い紫紅色。花は強い芳香を放ち、初夏のクチナシ（163ページ）、秋のキンモクセイ（166ページ）と並び三大芳香花に数えられる。葉は葉先側で幅が最大になる細い倒卵形で、枝先に集まって車輪状につく。花の芳香を香木の「沈香（じんこう）」と、香辛料のクローブを作る「丁字（ちょうじ）」にたとえたのが和名の由来。

かいでみよう

手まり状に咲く花は、早春に強い芳香を放つので、香りから卒業式や入学式、入社式を想起する人も少なくないようだ。三大芳香花の香りを、あらためて確かめてみよう。

トベラ

扉につける魔除け。

【海桐・扉】*Pittosporum tobira* トベラ科トベラ属　別名：トビラノキ

樹高：低木　小高木　高木　2〜3m
花期→果期：1 2 3 4 5 6 7 8 9 10 11 12
分布：東北地方南部〜沖縄

原寸大

葉先側で幅が最大になる、へら形の倒卵形（とうらんけい）。

ふちが反り返って裏側へ巻く。

葉先に車輪状に集まってつく。

表　裏

　海岸沿いに生え、庭木や公園樹として植えられる。へらのような形の葉が枝先に集まって車輪状に生え、モッコク（158ページ）やシャリンバイ（124ページ）に似ているが、両種とも葉柄が赤みを帯びること、後者は鋸歯があることが本種と異なる。また本種は、葉のふちが裏側へ反り返る性質が強いので、見わけやすい。根や枝に臭気があり、節分の時に「扉」につけて魔除けにすることが和名の由来。

果実

果実が裂けると赤い種子が現れる。種子が赤いのは野鳥に食べてもらうために、赤い実に似せているからだと考えられている。種子の表面は粘着質で、鳥のくちばしにくっついて運ばれるといわれる。

シキミ

墓地に植えられる理由とは……。

【樒】*Illicium anisatum*　マツブサ科シキミ属　別名：ハナノキ

樹高： 低木　小高木　高木　2〜5m　花期→果期： 1 2 **3 4** 5 6 7 8 **9 10** 11 12
分布：東北地方南部〜沖縄

50%

側脈はあまり見えない。

葉脈は見えない。

裏

表

枝先に集まってつく。

不分裂 / 全縁 / 常緑 / 互生

かいでみよう
ちぎると甘い香りがし、見わけの決め手となる。

　山地の乾燥した林に自生し、社寺や墓地によく植えられる。枝葉に強い香りがあり、樹皮と葉を乾燥させて粉末にしたものが抹香として焼香などに使われている。葉はモチノキ（150ページ）に似てのっぺリしていて、やや葉先に近い側で幅が最大になるが例外も多く、香りが決め手になる。香辛料の八角に似た果実の種子には猛毒があり、これを「悪しき実」としたのが和名の由来。種子だけでなく木全体が有毒で、墓地に植えられるのも、枝葉を仏前に供えるのも、獣が墓を荒らすのを防ぐためで、同じように有毒のヒガンバナを植えるのと同じ意味がある。

花　うっすら黄を帯びる白い花が早春に咲く。

果実　八角形の袋形で、種子は猛毒。

ヒガンバナの花
ヒガンバナも草全体に毒をもつので、水田の畦や墓地に植えられ、田や墓を荒らす生き物を近づけない目的に利用された。農薬もなく、土葬だった時代には重要な意味があったことだろう。ヒガンバナの花がはかったように、ちょうど秋の彼岸に咲くのも不思議である。

モッコク

品があって人気の庭木。

【木斛】 *Ternstroemia gymnanthera* サカキ科モッコク属　別名：アカミノキ

樹高：低木 **小高木** 高木　5〜10m　花期→果期：6 7 10 11
分布：関東地方〜沖縄

原寸大

光沢がある。

葉先に近い側で幅が最大になる倒卵形(とうらんけい)。

表

明るい黄緑色で、葉脈はほとんど見えない。

裏

葉柄は赤くなり、葉の深緑との対比が美しい。

果実
1〜1.5cmの球形で秋に赤く熟し、枝先に集まった葉の下側にさくらんぼのようにぶら下がる。完全に熟すと裂けて、中から赤橙色の種子が現れる。

セッコクの花
大木などに着生するラン科のセッコクに花の香りが似ているため、木のセッコク＝モッコクとされた。

　温暖な地域の海岸近くの林に自生し、庭木や公園樹として植えられる。幹はまっすぐ伸び、葉は適度な光沢のある濃い緑色が上品で、枝葉が密生して樹形が美しく整うことから、庭木としての人気が高い。枝先に葉が集まって車輪状につき、シャリンバイ（124ページ）やトベラ（156ページ）に似るが、鋸歯がないこと、葉柄が赤いこと、葉が反り返らないこと、葉裏は明るい黄緑色で葉脈がほとんど見えないことなどで見わけられる。初夏に咲く花の香りがラン科のセッコクに似ているのが和名の由来で、葉柄や若葉、果実や種子の赤い色は別名を象徴している。

ナワシログミ

グミ類は葉の裏が特徴的。

【苗代茱萸】*Elaeagnus pungens*　グミ科グミ属

樹高： 低木 小高木 高木　2〜3m
花期→果期：1 2 3 4 5 6 7 8 9 10 11 12
分布：関東地方〜九州

90%

ふちは大きく波打ち、不揃いな鋸歯のように見える。

銀色と褐色のうろこ状の毛が多く生える。

　温暖な地域の海岸沿いなどに生え、庭木としても植えられる。葉はぱりぱりした質感で大きく波打ち、葉裏はうろこ状の毛が多数ある。秋に細長い、ろうと形の花が咲き、翌年の春から初夏にかけて赤いだ円形の果実が熟す。果実は先端に花の一部が残るのが特徴で、食べることができる。稲作の田植え用の苗代を作る頃に熟すのが和名の由来である。

雌しべの一部が残り、突き出す。

光沢があり、ぱりぱりとした質感。

果実

ツルグミ

【蔓茱萸】*Elaeagnus glabra*
グミ科グミ属

樹高： 低木 小高木 高木　2〜3m
花期→果期：1 2 3 4 5 6 7 8 9 10 11 12
分布：関東地方〜沖縄

　海岸沿いや丘陵地の林に生え、他の樹木に寄りかかるようにして長く伸びる、半つる性の低木。葉の表は特徴に乏しいが、裏はうろこ状の毛が多く、金〜銀色の金属光沢に見える。長だ円形の果実は4月に熟し、先端に花の一部が残る。

90%

葉先は細長く伸びる。

葉脈はあまり見えず、のっペリしている。

赤褐色の毛が密生し、金〜銀色の金属光沢を帯びる。

果実
4月に熟し、雌しべの一部が残る。

ヒラドツツジ

長崎県から広まったツツジ。

【平戸躑躅】 *Rhododendron × pulchrum* ツツジ科ツツジ属

樹高： 低木 小高木 高木 1～2m　花期→果期： 1 2 3 **4** 5 6 7 8 **9** 10 11 12
分布：園芸品種

原寸大

葉先は短く針のように出る。

花
花の直径は約10cm。

長い倒卵形（とうらんけい）で毛が多い。

表

枝先に集まってつく。

つながっている生き物

オオムラサキを含むツツジ類の園芸品種群で、古くから長崎県平戸で栽培され、広まった。各地で庭木や公園樹、植え込みとして植えられている。春、葉が展開するのと同時に直径約10cmの紅紫色の大輪の花が咲く。葉は明るい黄緑色で、5～10cmの長倒卵形で毛が多く、枝先に集まってつく。半常緑樹で寒さに強く、下部の葉は紅葉してから落葉するものの、枝先の葉は落葉せずに残る。

大輪の花にはネクターガイドと呼ばれる、昆虫を奥の蜜へ誘導する模様が入っている。ここを通ると花粉が雌しべについて受粉しやすくなる。花粉は糸状の粘着物質で効率的に昆虫の身体につくようになっている。

花にもぐり込むクマバチの仲間。
花粉をたっぷりつけて飛んでいく。

キリシマツツジ　鹿児島県から広まったツツジ。

【霧島躑躅】 *Rhododendron obtusum*　ツツジ科ツツジ属

樹高： 低木 小高木 高木　1〜2m　花期→果期： 1 2 3 4 5 6 7 8 9 10 11 12
分布：園芸品種

原寸大

卵形で丸みが強い。

表

葉の裏や枝に金色の毛が多い。

鹿児島県の霧島から広まったツツジ類の栽培品種群。葉は2〜3cmで丸みが強い卵形。花は3〜4cmと小さく、品種によって色は多彩。ヤマツツジとミヤマキリシマの交配によって作り出されたという説がある。

花
品種によって色が異なる。

不分裂 / 全縁 / 常緑 / 互生

サツキ

【五月】 *Rhododendron indicum*
ツツジ科ツツジ属　別名：サツキツツジ

樹高： 低木 小高木 高木　1mまで
花期→果期： 1 2 3 4 5 6 7 8 9 10 11 12
分布：関東地方〜九州

幅は狭く、葉先寄りで幅が最大になる狭倒卵形(きょうとうらんけい)。

葉先はとがる。

原寸大

表

枝葉に金色の毛が多い。

関東以西の川岸の岩場に自生するツツジ類で、公園樹や庭木として植えられる。赤朱色の花は他のツツジ類より一月ほど開花が遅く、陰暦の五月頃なのが和名の由来。植えられるものはマルバサツキとの雑種の園芸品種も多い。

花
皐月(旧暦の五月＝5月下旬〜7月上旬頃)に咲く。

161

キョウチクトウ

ゴムのプロペラのような葉。

【夾竹桃】 *Nerium oleander*　キョウチクトウ科キョウチクトウ属

樹高： 低木 小高木 高木　3〜5m
分布：インド〜地中海原産
花期→果期：1 2 3 4 5 6 7 8 9 10 11 12

60%

触ってみよう

なめらかな紙のような手触りで、ゴムのような弾力があり、しなやか。

大形で細長い。

水平方向に細かく整然と側脈が並ぶ。

表　裏

　温暖な気候の国に自生する小高木。公園樹や庭木として植えられ、過酷な環境にも強く丈夫なので、緑化樹としても植えられる。その名の通り、竹のような細長い葉は、さらっとした手触りで、ゴムのように弾力があってしなやか。葉は1か所から3枚出る三輪生（さんりんせい）で、プロペラのような独特のつき方をし、根元から枝先にかけて幾重にも連なる。葉が竹に似ていて、真夏に咲く花が桃の花に似ているのが和名の由来。枝葉は猛毒を含むが、一部の昆虫は本種を食草とし、毒成分を体内に取り込むことで捕食者から身を守っている。

葉のつき方

花

葉は1か所から3枚出てプロペラのような三輪生。真夏に白や赤、淡紅色など、南国らしい雰囲気の花が咲く。

クチナシ

甘い香りの手裏剣。

【梔子】 *Gardenia jasminoides* アカネ科クチナシ属

樹高： 低木 小高木 高木 0.5～2m 花期→果期： 1 2 3 4 5 6 7 8 9 10 11 12
分布：東海地方～沖縄

不分裂 / 全縁 / 常緑 / 対生

原寸大

卵形で光沢が強く、葉先は短く出る。

側脈が平行に並び、目立つ。

枝先の芽がとがる。

　温暖な地域の山野に生え、庭木や公園樹として植えられる。卵形の葉は光沢が強く、基本は対生だが、時としてキョウチクトウ（左ページ）のように三輪生することがある。初夏に手裏剣のような形の白い花が咲き、三大芳香花に数えられる、甘く強い芳香を放つ。橙色の果実は冬に熟し、黄色の無毒な着色料として食品の着色などに使われる。果実が熟しても裂けないのが「口無し」とされ、和名の由来となった。

熟しても裂けないのが和名の由来。無毒の黄色の染料として、栗きんとん、たくあんなど、食品の着色に利用される。

果実

かいでみよう

花

花弁は6枚に見えるが実際には、ろうと形の花が6つに裂けたもので、手裏剣のようなユニークな形になる。甘く濃厚な芳香で、ジンチョウゲ、キンモクセイと並び三大芳香花に数えられる。

トウネズミモチ

ネズミのふんのような形の果実。

【唐鼠黐】 *Ligustrum lucidum* モクセイ科イボタノキ属

樹高：低木 小高木 高木 10〜15m 花期→果期：1 2 3 4 5 6 7 8 9 10 11 12
分布：中国原産

80%

葉先がとがる。

光に透かすと、側脈が見える。

クロガネモチに似るが対生。

中央よりもやや、基部側で幅が最大になる幅広の卵形。

裏　表

かいでみよう
未熟なリンゴのような、ほのかな甘い香りを感じる。

　中国原産で公園樹や緑化樹として植えられる。初夏に白い花が多数咲き、秋から冬にかけて球形の果実が黒灰色に熟す。ヒヨドリなどの野鳥が旺盛に果実を食べ、種子を散布するので、都市近郊の林や庭先にどんどん生え、環境省によって要注意外来生物に指定されている。幅広の卵形の、のっぺりした葉がクロガネモチ（149ページ）に似るが、本種は対生なので見わけられる。本種はネズミモチの中国原産の近縁種（きんえんしゅ）なので「唐」ネズミモチという和名になった。

　国産種のネズミモチは関東地方以西に自生し、公園樹や街路樹、生け垣などに利用される。トウネズミモチによく似るが、樹高も葉も小さい。果実はだ円形で、ネズミのふんに似ているのが和名の由来。

つながっている生き物

通常、ヒヨドリ以外の野鳥はほとんど果実を食べず、熟してからも長期間残っているが、他の木の果実が不作の時にはツグミ類など他の野鳥も食べる。本種に来る野鳥を観察することで、そのシーズンの気候や豊作凶作が見えてくることもある。ヒヨドリはヒヨドリ科で全長27.5cm。

果実を食べるヒヨドリ

164

見てみよう

トウネズミモチ　ネズミモチ

両種を光に透かす

トウネズミモチ(左)は側脈がはっきりと見えるが、ネズミモチ(右)は見えない。

樹皮と果実の比較

樹皮

トウネズミモチ

ネズミモチ

両種とも灰褐色で、皮目が目立つ。

果実

トウネズミモチ　ネズミモチ

トウネズミモチ(左)は球形、ネズミモチ(右)はだ円形で、明確に見わけることができる。

ネズミモチ

【鼠黐】 *Ligustrum japonicum*
モクセイ科イボタノキ属　別名：タマツバキ

樹高：低木　小高木　高木　2〜5m
花期→果期：1 2 3 4 5 6 7 8 9 10 11 12
分布：関東地方〜沖縄

80%

葉先は細長く伸びる。

モチノキに似るが幅が広く対生。

光に透かしても側脈は見えない。

表

裏

不分裂

全縁

常緑

対生

身の回りの樹林などを調べると、若木が多い。繁殖力が強く生長が速いので、急速に増えている。ヒヨドリがよく果実を食べることが、本種が増えていることに大きく貢献している。

キンモクセイ

秋の芳香花。

【金木犀】 *Osmanthus fragrans* var. *aurantiacus*　モクセイ科モクセイ属

樹高：低木　小高木　高木　3〜6m　　花期→果期：1 2 3 4 5 6 7 8 9 10 11 12
分布：中国原産

90%

ふちは大きく波打つ。

葉先側に小さく鋭い鋸歯が出るタイプ。

革のようになめらかで光沢がある。

表

裏

ぱりぱりとした堅い質感。

　秋に咲く花の香りでその存在に気づくほど、強い芳香を放つ常緑小高木。春のジンチョウゲ（155ページ）、初夏のクチナシ（163ページ）と並んで三大芳香花に数えられ、庭木や公園樹として植えられる。本種はギンモクセイ（111ページ）の変種で、中国原産とされるが諸説ある。花と香りに比べると注目されないが、葉も個性が強い。表面は革のようになめらかだが、ぱりぱりと堅い質感で、ふちは大きく波打ち、光に透かすと網目状の葉脈がよく目立つ。樹皮のひし形模様も特徴的なので、花期以外でも見わけやすい。

白っぽい樹皮に、ひし形状の黒い皮目が入る独特の模様。

樹皮

かいでみよう

本種の香りは、トイレの芳香剤のよう、とよく形容されるが、それは誤り。本種の香りを化学的に合成したのが、商品化された芳香剤である。人工的に作り出した香りと、天然の香りを比べてみるのも面白い。

ナギ

神木は、広葉樹のような針葉樹。

【梛】 *Nageia nagi* マキ科ナギ属　別名：チカラシバ、コゾウナカセ

樹高： 低木　小高木　**高木**　20m前後　花期→果期： 1 2 3 4 **5 6** 7 8 9 10 **11** 12
分布：近畿地方〜沖縄

60%

水滴形で光沢が強い。

葉脈は基部から葉先まで垂直に、細かく平行に伸びる。

特殊

不分裂

全縁

常緑

対生

表　裏

　西日本の温暖な山地にまれに自生するが少ない。光沢のある水滴形の深緑色の葉は、細かい葉脈が分岐せず、平行に伸びる。葉の幅が広いので広葉樹のようだが、針葉樹である。熊野信仰との関わりが深い神木として、各地の神社に植えられる。葉が縦には裂けやすいが、力を入れても横には裂けにくいのが別名の由来というが、実際には葉ではなく枝が丈夫でちぎれないことに由来しているようだ。縁起の良い名（凪=海がおだやかな状態）として漁師が、また裂けにくいことを縁結びの象徴として男女が、それぞれ葉をお守りにする。果実からは油が採れ、かつて神社では灯火用に利用していた。樹皮は暗い紫褐色で、うろこ状にはがれ、特徴的な模様になる。

樹皮

暗い紫褐色で、うろこ状にはがれ、まだらになる。はがれた直後は橙褐色で、よく目立つ。

世界遺産である奈良県の春日大社には、1000年前に植えられたという天然記念物の純林がある。

167

テイカカズラ

スクリューのような花。

【定家葛】 *Trachelospermum asiaticum*　キョウチクトウ科テイカカズラ属　別名：マサキノカズラ

樹高： 低木 小高木 高木 つる性　花期→果期： 1 2 3 4 **5 6** 7 8 **9 10** 11 12
分布：本州～九州

原寸大

[若い葉] 鋸歯のように波打ち、葉脈に斑が入って目立つ。

表

革のような質感で光沢があり、堅い。

表

かいでみよう

山野に生え、樹木や岩をはい登る、つる性の木で花の香りが良く、庭木や生け垣にされる。卵形の葉の表面は、革のような質感で堅く光沢がある。ふちは全縁で葉脈は目立たないが、地上付近をはっている若い葉は著しく波打ち、鋸歯縁のようで、葉脈沿いに斑が入って目立つ。果実は細長いさや状で、熟すと裂けて、冠毛のある種子が飛び出す。和名は鎌倉時代の歌人、藤原定家の伝説に由来するという。

20cm前後の細長いさや状の果実。熟すと裂けて、ふわふわした冠毛のある種子が飛び出し、風に乗って遠くまで運ばれる。

5～6月にスクリューのような形の花が多数咲き、ジャスミンのような強い芳香がする。花弁は5枚に見えるが、杯形の花が5つに裂けたもの。花色は白く、淡い黄色に変化する。

ツゲ

高級材は丸く小さな葉。

【柘植】*Buxus microphylla*　ツゲ科ツゲ属　別名：ホンツゲ

樹高： 低木　0.5〜3m　花期→果期： 3 4　9 10
分布：関東地方〜沖縄

不分裂／全縁／常緑／対生

原寸大

- 小さい倒卵形で、葉先がくぼむ。
- 革質で光沢がある。
- 基部はくさび形。

表

　岩場などにまれに自生する低木で、生け垣や庭木にされる。1〜3cmの小さく丸い葉が密につき、刈り込まれて植えられることが多い。倒卵形の葉は全縁で対生。黄を帯びる材は木目が細かく上質で、櫛や印鑑、将棋の駒などに使われる。同じように葉が小さく、刈り込まれて植えられることも多いイヌツゲ（133ページ）は別の仲間で、葉には鋸歯があり、互生なので見わけられる。葉が細いヒメツゲ、幅が広いスドウツゲなどの栽培品があり、最近は本種よりも植えられる機会が多い。

触ってみよう

材は緻密で堅く、丈夫で弾力もあるので、万葉の昔から高品質な櫛づくりに使われてきた。材は少し黄を帯びるのが特徴。プラスチックの櫛と異なり、静電気が起きない。櫛には椿油がなじませてあり、髪に艶と香りを与える。柘植櫛は使い込むほどに艶が出る、一生ものの逸品である。

花
春に、葉の基部に咲く。花弁がなく、中央の雌花を雄花が囲む形。

ボックスウッド
最近はスドウツゲなどの栽培品が植えられることが多い。ボックスウッドとも呼ばれる。

クサギ

スペード形の臭い葉。

【臭木】 *Clerodendrum trichotomum* シソ科クサギ属

樹高：低木 **小高木** 高木　2～6m　花期→果期：1 2 3 4 5 6 7 **8 9 10 11** 12
分布：北海道～沖縄

50%

両面に毛があり、手触りがふさふさしている。

表

長い葉柄に逆さまのハートが乗り、トランプのスペードのような形。

鋸歯　表

[鋸歯のあるタイプ]
イイギリに似るが対生で、においで見わけられる。

かいでみよう

少し触っただけで、強いにおいを感じる。悪臭か、良い香りか、かいで確かめてみよう。

花

真夏に白い花が咲き、甘い紅茶のような芳香を放つ。葉と違って、悪臭に感じる人はいないだろう。

果実

赤い星形のがくの上に藍色の果実が乗る、美しく目立つデザイン。果実を食べて、種子を運んでくれる野鳥へのアピールになるといわれる（二色効果）。

　身近な山野の日当たりのよい場所に普通に生える。トランプのスペードのような形の大きな葉は強いにおいがして、軽く手で触るだけでも臭い。やぶに踏み込んだ時に本種の幼木をうっかり踏みつけたり、草刈りで刈ってしまうと、強烈なにおいの洗礼を受けることになる。面白いことに、「カメムシのような」悪臭と感じる人もいれば、「ピーナッツバターのような」良い香りだと感じる人もいて、個人差がある。男性が苦手で、女性が平気という傾向があるようだ。良い香りか、悪いにおいか、いずれにしても臭い木なのが文字通り、和名の由来である。真夏に咲く白い花は、甘い芳香がして、賛否はさほど分かれない。

ロウバイ

真冬に咲く黄色い花。

【蠟梅】 *Chimonanthus praecox*　ロウバイ科ロウバイ属　別名：カラウメ

樹高：低木　小高木　高木　2～4m　花期→果期：1 2 3 4 5 6 7 8 9 10 11 12
分布：中国原産

不分裂 / 全縁 / 落葉 / 対生

80%

葉先と基部の両端が細くなる紡錘形。

明るめの緑色。

表面はざらつく。

裏 / 表

ソシンロウバイの花。真冬から早春の、色彩が乏しいフィールドで満開の黄色い花がよく目立つ。

半透明な花弁のようなものが、らせん状についている。花の中心は赤紫色。ソシンロウバイという品種は花の中心も黄色い。

　中国原産で、庭や公園に植えられ、色彩の少ない真冬から早春にかけて咲く、半透明の黄色い花が目立つ。花がロウ細工のような質感なのが和名の由来で、香りも良く、正月の飾りとしても使われる。葉は基部側と葉先側の両方がとがる紡錘形で、表面がざらつく特徴がある。花の中心は赤紫色だが、ソシンロウバイという品種は、花の中心まで黄色い。

ハナミズキ

サクラ寄贈の返礼の木。

【花水木】 *Cornus florida*　ミズキ科サンシュユ属　別名：アメリカヤマボウシ

樹高： 低木 | 小高木 | 高木　4〜8m　　花期→果期： 1 2 3 4 5 6 7 8 9 10 11 12
分布：北米原産

80%

卵形で、弧を描いて長く伸びる側脈が目立つ。

白っぽく見える。

裏　　　表

花
花弁に見える4枚は総苞片。本当の花は小さく、中心部に集まって咲く。

果実
だ円形で集まってつき、赤く熟す。ヒヨドリやオナガなど多くの野鳥が食べる。

樹皮
縦に細かく裂け、カキノキに似る。ヤマボウシとの見わけのポイントになる。

　北米原産で、庭木から公園樹、街路樹など植えられる機会が多く、身の回りでよく見かける木の一つ。春、新緑の季節となる4〜5月頃に開花する。白や淡紅色の花弁に見えるのは、がくが変化した総苞片（そうほうへん）と呼ばれるもの。実際の花は小さく、4枚の総苞片の中心部に集まって咲く。秋にだ円形の実が赤く熟し、紅葉も美しい。同属で日本産のヤマボウシとの見わけのポイントは右ページを参照。本種は1912年に当時の東京市長がアメリカへソメイヨシノを寄贈した返礼として、1915年に贈られた木である。

樹形
幹はまっすぐ伸びる。ミズキの仲間で、大きな花がたくさん咲いて目立つのが和名の由来。

ヤマボウシ

手裏剣のような形の花。

【山法師】 *Cornus kousa*　ミズキ科サンシュユ属　別名：ヤマグワ

樹高： 低木 **小高木** 高木　5～10m　花期→果期： 1 2 3 4 5 **6 7** 8 9 **10** 11 12
分布：本州～九州

不分裂 / 全縁 / 落葉 / 対生

80%

葉脈の脇に茶色い毛が生える。

ふちが細かく波打ち、鋸歯のように見える。

裏　表

幅の広いだ円形。

花

花弁にみえるのは総苞片。ハナミズキの総苞片は先がくぼむが、本種はとがり、手裏剣のような形にみえる。

食べてみよう

袋状の集合果で秋に赤く熟し、甘酸っぱくておいしい。

樹皮

ハナミズキのように裂けず、うろこ状にはがれる。

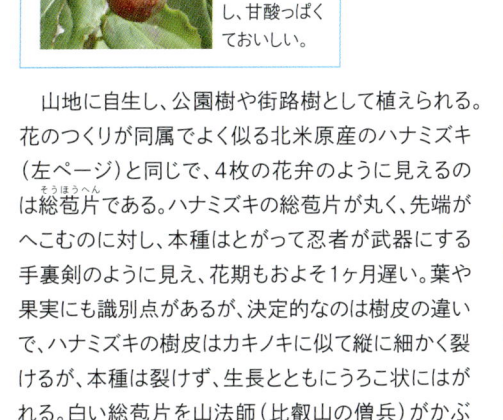

樹形

白い花が多数咲き、森の中で目立つ。

　山地に自生し、公園樹や街路樹として植えられる。花のつくりが同属でよく似る北米原産のハナミズキ（左ページ）と同じで、4枚の花弁のように見えるのは総苞片である。ハナミズキの総苞片が丸く、先端がへこむのに対し、本種はとがって忍者が武器にする手裏剣のように見え、花期もおよそ1ヶ月遅い。葉や果実にも識別点があるが、決定的なのは樹皮の違いで、ハナミズキの樹皮はカキノキに似て縦に細かく裂けるが、本種は裂けず、生長とともにうろこ状にはがれる。白い総苞片を山法師（比叡山の僧兵）がかぶる頭巾に見立てたのが和名の由来といわれる。

クマノミズキ

ひと月遅れで花が咲く。

【熊野水木】 *Cornus macrophylla* ミズキ科サンシュユ属

樹高：低木 小高木 **高木** 8〜12m　花期→果期：6 7 8 9 10
分布：本州〜九州

80%

粉を吹いたように
やや白い。

細長い卵形。
葉先はとがり、
細長く伸びる。

裏　表

葉柄は
2〜4cmで長め。

花
花は淡く黄を帯びた白色。ミズキよりもひと月ほど遅く咲く。

果実
小さな球形の果実が多数つき、秋に黒く熟す。果柄が赤く、サンゴのようにも見える。

　丘陵から山地にかけて生え、東北地方まで分布するが西日本に多く、三重県の熊野で最初に発見されたのが和名の由来である。同属のミズキ（188ページ）によく似るが、ミズキの葉がだ円形に近いのに対し、本種はやや細長い卵形で葉先は細長く伸び、ミズキの葉は互生につくが本種は対生。ミズキよりも花期がひと月ほど遅く、花色はやや黄を帯びる。球形の果実が多数実り、秋に黒く熟すと、多くの種類の野鳥が食べる。

サンシュユ

春が華やぐ黄色い花。

【山茱萸】 *Cornus officinalis* ミズキ科サンシュユ属　別名：ハルコガネバナ（春黄金花）

樹高： 低木　小高木　高木　3〜5m　　花期→果期： 1 2 3 4 5 6 7 8 9 10 11 12
分布：中国原産

不分裂 / 全縁 / 落葉 / 対生

原寸大

卵形で、葉先にかけて幅が急に狭くなり、細長く伸びる。

側脈が弧を描いて伸びる。

側脈の分岐に茶色い毛が密生する。

表 / 裏

朝鮮半島・中国原産で、庭木や公園樹として植えられている。渡来は江戸時代といわれる。春、芽吹き前の野に色が少ない時期に、黄色い花が咲く。本種は根元から枝分かれして斜め上に伸びる樹形で、枝全体に花をつけるので、満開になるととても華やかである。サンシュユは中国名で、かつて別名のハルコガネバナが和種名として提唱されたが、今も中国名のまま呼ばれる。果実はだ円形で、秋に真っ赤に熟す。果実酒に向き、果肉を乾燥させて漢方薬として用いる。

花　小さい花が多数出て、球形に集まって咲く。斜め上に伸びた枝全体に集合花をつけるので、とても華やか。

果実　だ円形で真っ赤に熟し、グミの果実に似る。果肉を乾燥させ、漢方薬として利用する。

ヒトツバタゴ

名前のわからなかった木。

【一つ葉たご】 *Chionanthus retusus* モクセイ科ヒトツバタゴ属 別名：ナンジャモンジャ

樹高：高木 30m前後　花期→果期：5　10
分布：本州と九州の一部

60%

表 / 裏

細かい網目状の葉脈が目立つ。

全縁だが、若木の葉には細かい鋸歯がある。

葉柄は長めで1.5～3cm。

卵形～長だ円形。

長野県、岐阜県、愛知県の一部と、長崎県の対馬のみにしか自生しない珍しい木。丘陵地帯に生え、公園樹として植えられる。自生地でも数が少なく、見る機会がまれで、名前がわからなかったのが別名の「何じゃ、物じゃ」の由来。5月頃、細長く4つに裂けた白い花が枝先に多数咲き、雪が降り積もったように木全体が真っ白になる。和名は「一つ葉のトネリコ（同じモクセイ科）」の意味で、タゴはトネリコの古い呼称のタモが転じたもの。トネリコは羽状複葉だが、本種は単葉なので、「一つ葉たご」となったのが和名の由来。

花：花期には木全体が見事に真っ白になる。属名の *Chionanthus* は「雪花」の意味で、これを象徴している。

花：細長く4つに裂け、キンポウゲ科のセンニンソウに似たイメージがある。

果実：約1cmのだ円形で、10月頃に黒く熟す。

ビヨウヤナギ

雄しべが目立つ花。

【美容柳・未央柳】 *Hypericum monogynum*　オトギリソウ科オトギリソウ属　別名：ビヨウヤナギ

樹高： 低木 　小高木　高木 　1m前後　　花期→果期： 1 2 3 4 5 **6 7 8 9** 10 11 12
分布：中国原産

60%

細長い形で、ヤナギに似て見える。

90度ねじれ連なる十字対生。

表

中国原産で、庭木や公園樹として植えられる。細長いだ円形の葉には葉柄がほとんどなく、葉が交互に90度ねじれて対生につき連なる十字対生で、冬も全ての葉が落ちずに、赤紫色になった葉が多く残る半常緑性である。初夏に咲く黄色い花は、雄しべの本数が多く、花弁よりも長い。この特徴的な花が美しく、細長い葉がヤナギ類に似るのが和名の由来である。

雄しべは花弁より長く、30～40本が1束に集まったものが5束あり、とても目立つ。

花

裏

白っぽく、明るい緑色に見える。

葉柄はほとんどない。

葉先はとがらず、丸い。

表でくぼんだ主脈が浮き出る。

イボタノキ

70%

【水蠟木・疣取木】 *Ligustrum obtusifolium*
モクセイ科イボタノキ属

樹高： 低木 　小高木　高木 　2～4m
花期→果期： 1 2 3 4 **5 6** 7 8 9 **10** 11 12
分布：北海道～九州

山野の明るい場所に自生する低木。同じ仲間で外国産の「プリベット」が庭木や生け垣にされる。細長いだ円形の葉は、葉先が丸く、主脈が折り目をつけたようにくぼむのが目立つ。樹皮につくイボタロウムシの分泌液からイボタロウという白いろうが採れ、ワックスやロウソクとして利用された。

表

裏

細長いだ円形で、主脈のくぼみが目立つ。

初夏に白い花が咲く。ろうと状で4つに裂け、房状に連なる。

花

不分裂

全縁

落葉

対生

177

スイカズラ

金と銀の甘い香り。

【吸葛】 *Lonicera japonica* スイカズラ科スイカズラ属　別名:キンギンカ

樹高: 低木 小高木 高木 つる性
花期→果期: 1 2 3 4 5 6 7 8 9 10 11 12
分布:北海道南部〜沖縄

60%

山野や道ばたに普通に生える。春から初夏にかけて車のシートのような形の花が2つ並んで咲き、運転席と助手席のように見えてユニーク。はじめ白い花は、次第に黄色に変わっていくので、白と黄の花が混在し、これを金と銀に見立てたのが別名の由来。花には強い芳香があり、スイカの香りに似るが、和名は香りではなく、子供たちが花の奥の甘い蜜を吸ったことに由来する。

卵形から長だ円形で、ふつう葉先は丸くてとがらないが、変異が大きい。

表／裏

かいでみよう

和名のせいか、スイカのような香りに感じてならない。夜になると芳香が強くなるといわれるが、本当か試してみよう。

ウグイスカグラ

【鶯神楽】 *Lonicera gracilipes*
スイカズラ科スイカズラ属

樹高: 低木 小高木 高木 1〜2m
花期→果期: 1 2 3 4 5 6 7 8 9 10 11 12
分布:北海道南部〜九州

山野に普通に生え、庭木にされることもある。早春、ウグイスが盛んにさえずる頃に、淡紅色の花が咲くのが和名の由来だと思われるが、諸説ある。春から初夏にかけて、真っ赤に熟す果実は甘味があり、食べることができる。

丸みのあるひし形。
白っぽく、細かい葉脈の模様が目立つ。

80%

葉脈が細かいしわのように見える。

ろうと形で先が星形に裂ける形。下向きにぶら下がって咲く。

花

ザクロ

光沢のある葉、鮮やかな花、がくの残る果実。

【柘榴】 *Punica granatum* ミソハギ科ザクロ属

樹高： 低木 **小高木** 高木　5〜6m　花期→果期： 1 2 3 4 5 **6** 7 8 9 **10** 11 12
分布：西アジア原産

不分裂／全縁／落葉／対生

西アジア原産で、日本へは平安時代に渡来したといわれる。葉は強い光沢があり、葉先が丸い葉ととがる葉が混在する。枝先にはとげがあり、幹にはこぶのような突起ができる。初夏に咲く花はとても鮮やかな橙赤色。秋に実る果実は先端にがくが残り、熟すと不規則に割れる。

80%

強い光沢がある。

表

枝先にとげがある。

葉先が丸い葉と、とがった葉がある。

食べてみよう

花：鮮烈な橙赤色。筒状で上部が6裂したがく、果実にも残る。

不規則に割れ、中からルビー色で粒々の種子が現れる。種子の外皮は食べられ、甘酸っぱい。

キンシバイ

【金糸梅】 *Hypericum patulum*
オトギリソウ科オトギリソウ属

樹高： **低木** 小高木 高木　1m
花期→果期： 1 2 3 4 5 **6 7 8 9** 10 11 12
分布：中国原産

中国原産で、庭木として植えられる。ビヨウヤナギ（177ページ）と同じオトギリソウ属で、葉が細長く、葉柄がほとんどないという共通の特徴をもつ。ビヨウヤナギの立体的な葉のつき方に対し、本種は垂れ下がった枝に平面的に対生するのが特徴。

原寸大

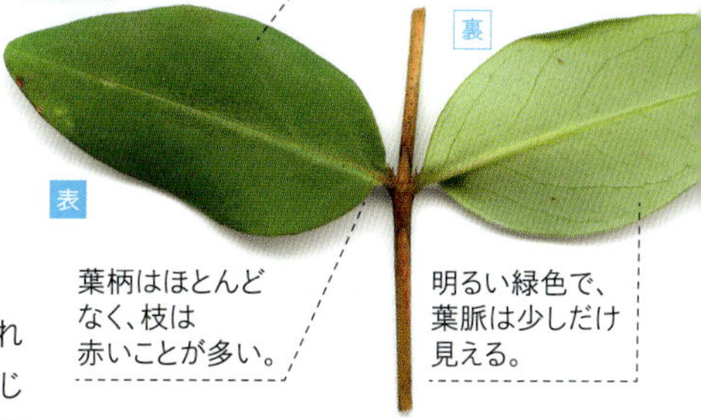

細長いだ円形で、基部側で幅が最大になる。

裏／表

葉柄はほとんどなく、枝は赤いことが多い。

明るい緑色で、葉脈は少しだけ見える。

花：ビヨウヤナギと同じ黄色の花で、雄しべが約300本と多い点も共通だが、花は半開き状で、雄しべの長さは花弁よりも短い点が異なる。

ホオノキ

食べ物を包む、大きな葉。

【朴木】*Magnolia obovata* モクレン科モクレン属

樹高：低木 小高木 **高木** 20m前後　花期→果期：1 2 3 4 **5 6** 7 8 9 **10 11** 12
分布：北海道〜九州

40%

単葉としては国内最大級。トチノキの小葉と異なり、鋸歯はない。

表

白っぽく、目立つ。

裏

山野に自生し、庭木や公園樹として植えられる。葉の大きさは30〜40cmもあり、単葉では国内最大級である。大きな葉は料理を盛ったり、包んだりするのに好適で、燃えにくく、良い風味もつくので、朴葉味噌、朴葉包み焼き、朴葉餅など食の分野で活用されている。葉で食べ物を「包む」木なのが和名の由来である。葉は枝先に集まってつき、トチノキ（242ページ）と見間違えやすいが、本種は単葉でトチノキは複葉、本種は全縁でトチノキは鋸歯がある点で見わけられる。

不分裂
全縁
落葉
互生

樹形
葉が枝先に集まっているのがわかる。大木では30mにもなる。

食の分野で活用

葉は燃えにくく、良い風味がつくので郷土料理には欠かせない。食材を味噌と共に載せて焼くのが朴葉味噌で、包んで焼くのが朴葉包み焼きである。柏餅と同じように、餅を包んだ朴葉餅も風味がよい。

葉柄は2〜5cm。

花
直径約15cm。スプーンのような形の丸まった花弁が6〜9枚集まって咲く。

托葉
4月頃、葉芽が開く際に現れる托葉は赤く、初めて見たときは花と間違えそうになる。

落葉
雑木林や山の中で、落ち葉の裏面が白っぽく目立つ。

ハクモクレン

ボリュームのある大きな花。

【白木蓮】 *Magnolia denudata*　モクレン科モクレン属　別名：ハクレン（白蓮）

樹高： 低木 小高木 **高木** 7〜15m　花期→果期：1 2 **3 4** 5 6 7 8 9 **10** 11 12
分布：中国原産

60%

葉先が小さく突き出る。

表

ふちは波打たずなめらか。

大形で、キレイな弧を描き丸みのある倒卵形（とうらんけい）。

中国原産の高木で、公園樹や庭木として植えられる。「毛皮を着た」とも形容され、銀色の毛に覆われた大きな冬芽がよく目立つ特徴である。春、サクラが咲く前に大輪の白い花が咲き、レモンやライムを感じる甘い芳香を放つ。花だけでなく葉も大きく、きれいな倒卵形（とうらんけい）をしている。同属で日本産のコブシ（右ページ）は同時期に開花し、似る部分もあるが、花の形や咲き方、葉の大きさやふちの形で見わけられる。同属で紫色の花色のシモクレンのことをモクレンと呼ぶのに対し、本種は花が白いのが和名の由来。

葉先の方で幅が最大になる倒卵形（とうらんけい）で、葉先が突き出る。

ふちはコブシのように波打つ。

シモクレン

【紫木蓮】 *Magnolia liliiflora*
モクレン科モクレン属　別名：モクレン

60%

樹高： **低木** 小高木 高木 2〜4m
花期→果期：1 2 **3 4** 5 6 7 8 **9 10** 11 12
分布：中国原産

同科同属の低木で中国原産。庭木や公園樹。葉のふちが波打ち、コブシに似るが大きく、花色は紫色。モクレン属は属名のマグノリアで総称されることがある。

表

基部はくさび形。

コブシ

握り拳のような果実。

【辛夷・拳】 *Magnolia kobus* モクレン科モクレン属

樹高： 低木 小高木 **高木** 10～15m　花期→果期：1 2 **3 4** 5 6 7 8 9 **10** 11 12
分布：北海道～九州

60%

- 葉先の方で幅が最大になる倒卵形で、葉先が突き出る。
- 細かいしわがある。
- 表
- ふちが波打つ。

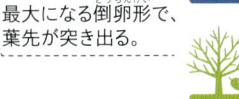

　山地や里山に自生し、とくに東日本に多い高木。街路樹や公園樹、庭木として植えられる。ハクモクレン（左ページ）と同様に、銀色の毛に包まれた冬芽が目立ち、ソメイヨシノに先がけて花が咲いて、春の野を彩る。花の下に小さな葉が1枚つくのが特徴で、ハクモクレンとは花の形や葉のふちの違いで見わけられる。果実の形が握り拳に似ているのが和名の由来で、熟すと割れ、赤い種子が白い糸状の柄にぶら下がる形で現れる。

かいでみよう

モクレン属は花や枝に、甘さと柑橘をバランスよく合わせたような芳香をもつ。抽出した芳香成分は化粧品などに使われ、モクレン属の総称に使われる属名マグノリアが香りの名前として使われる。落ちた折れ枝でも十分に香りがするので、折ってかいでみよう。

花の比較

ハクモクレン
半開き状で上向きに咲き、重量感がある。花弁は9枚に見えるが、3枚は同じ色形のがく。

コブシ
開いて咲き、花弁は6枚。花の下に小さな葉が1枚つくのが特徴。

果実：コブシ
握り拳のような形で、赤く熟すと割れて、赤い種子が現れぶら下がる。種子はハシブトガラスなどの野鳥が食べる。

不分裂 / 全縁 / 落葉 / 互生

イヌビワ

寄生バチと共生する、イチジク属。

【犬枇杷】 *Ficus erecta*　クワ科イチジク属　別名：イタビ

樹高： 低木 **小高木** 高木　3〜5m　花期→果期： 1 2 3 **4 5** 6 7 8 9 **10 11** 12
分布：関東地方〜沖縄

60%

ほぼ中央で幅が最大になる。

葉先側で急にとがる。

裏

表

基部に近い側は急に狭まる。

表

[ホソバイヌビワ]
葉が細長い。

　温暖な地域に自生し、関東では海の近くの林に生えることが多い。本種はイチジクの仲間で、イヌビワコバチという寄生バチと共生している。イチジクの漢字名は「無花果」だが、花は無いのではなく、花嚢（かのう）という熟す前の若い果実のような袋の中で咲くので、外からは見えないし、風では受粉できない。イヌビワコバチが袋の中に入り込むことで雌花は受粉し結実することができ、ハチの側も虫えい花に産卵することでのみ子孫を残せる。相互に深く依存し共生している。葉や枝を傷つけると白い液が出るのも、イチジク属共通の特徴である。

つながっている生き物

雄花と雌花は別で、花嚢内に花が咲く。雄花にはイヌビワコバチが産卵できる虫えい花があり、幼虫が育つことができるが、雌花には産卵できない。コバチが運んだ花粉で雌花は受粉し、果実をつけることができる。

花嚢

果実

ミツマタ

紙幣の原料となる丈夫な繊維の木。

【三叉】 *Edgeworthia chrysantha* ジンチョウゲ科ミツマタ属

樹高：低木 小高木 高木 1～2m 花期→果期：1 2 **3** **4** 5 6 7 8 **9** **10** 11 12
分布：中国原産

60%

表よりも毛が多く生え、主脈や側脈沿いは特に多い。

側脈は独特な弧を描き、特徴的。

細長いだ円形。

不分裂

全縁

落葉

互生

直線的で短い毛が生える。

裏　表

基部は狭くくさび形で、葉柄は短い。

名前の由来

枝
枝は、ほぼ例外なく3つに分岐し、和名の由来になった。

花
春先、葉が伸びる前に咲く。黄色の小さな花が多数集まり、まりのような球形になる。

花芽
花期以外にもよく目立ち、見わけのポイントの一つになる。

中国原産で、庭木や公園樹として植えられ、材を利用するために栽培される。繊維がとても丈夫で、少し力を入れたくらいでは枝が折れないほど強じんなので、紙幣や半紙など和紙の原料として利用されている。近年は栽培が減少し、かつて栽培されていた木が山地で野生化している場合もある。ほぼ例外なく3つに枝分かれして伸びるのが和名の由来で、根元近くから繰り返し3つに分岐する。春先に咲く黄色い花は、小さな花が30～50個集まってまりのような形につき、花芽は大きいので花期以外でもよく目立つ。

シラキ

柿の葉に似る白い木。

【白木】 *Neoshirakia japonica* トウダイグサ科シラキ属

樹高：低木 **小高木** 高木 4〜6m　花期→果期：1 2 3 4 **5 6 7** 8 9 **10 11** 12
分布：本州〜沖縄

70%

葉先は細くとがる。

卵形でカキノキに似る。

表
[紅葉]

紅葉が鮮やかなのもカキノキに似る。

葉柄はカキノキよりも細くて長く、毛がない。

表

　山地の渓谷沿いなどに生え、庭木や公園樹にされる。樹皮や材が白いのが和名の由来で、枝や葉を傷つけると出る乳液も白い。葉の形や紅葉の鮮やかさがカキノキ（右ページ）に似るが、葉柄の長さや毛の有無などで見わけることができる。種子からは油が採れ、かつては食用油や灯油として利用した。

樹皮
樹皮と材が白いのが和名の由来となった。

花
黄色い花が5〜7月に咲く。枝先に細長い花序が上向きにつく。

カキノキ

身の回りに多い、おなじみの果樹。

【柿木】*Diospyros kaki*　カキノキ科カキノキ属　別名：カキ

樹高：低木／小高木／**高木**　10m前後　花期→果期：1 2 3 4 **5 6** 7 8 9 **10 11** 12
分布：中国原産

70%

不分裂／全縁／落葉／互生

卵形で光沢が強い。

表

[紅葉]

鮮やかな色に色づき、しばしば目玉のような模様が現れる。

表

葉柄はシラキよりも太くて短く、毛がある。

私たちの身の回りに最も多い果樹の一つ。庭や畑によく植えられる。強い光沢のある大きな卵形の葉と、縦に細かく裂ける樹皮、秋に熟す橙色の果実が特徴で、目にする機会が多いので直感的に見わけられる木の一つである。果実を食用にするほか、殺菌作用のある葉が柿の葉寿司の材料として使われる。未熟な果実は柿タンニンを豊富に含み、柿渋と呼ばれる液体の原料となる。柿渋には防腐作用があり、染料や塗料として利用される。

樹皮
見わけるポイントの一つで、縦に細かく裂ける。ハナミズキ（172ページ）の樹皮に似る。

樹形
樹形は整わない。果実にはタンニンが多い。

ミズキ

野鳥が好む果実。

【水木】 *Cornus controversa* ミズキ科サンシュユ属

樹高： 低木 小高木 高木 10〜20m　花期→果期： 1 2 3 4 5 6 7 8 9 10 11 12
分布：北海道〜九州

90%

葉先は短くとがる。

卵形で枝先に集まってつく。

側脈が葉先に向かって弧を描いて、長く伸びる。

表

葉柄は長く、2〜8cm。

樹形
枝を水平に伸ばしてできた面が、階層状になる特徴的な樹形。

樹皮
縦に浅く裂ける。

山地や里山に生え、やや湿った場所に多い。幹をまっすぐ伸ばし、面をつくるように枝を水平に伸ばし、階層をつくる樹形が特徴的。初夏に白い花が咲くと、花の階段のように見え、階層状の樹形がよくわかる。葉は側脈が孤を描くように伸びるのが、ハナミズキ（172ページ）やヤマボウシ（173ページ）など同属の仲間と共通の特徴である。果実は秋に黒く熟し、多くの野鳥に好んで食べられ、季節移動を支える重要な食糧源となっている。本種は初夏を告げる木で、植物を調べる際の季節の指標になるほど広範囲に生えるが、これは野鳥が好んで果実を食べ、広範囲に種子を散布することが貢献している。春に枝を伐ると、樹液が水のように出るのが和名の由来。

不分裂
全縁
落葉
互生

やってみよう

【切れない葉?】
ミズキは道管がよく発達しているので、葉や葉柄をそっとちぎると、中の道管が伸びて残り、手品のようなことができる。

つながっている生き物

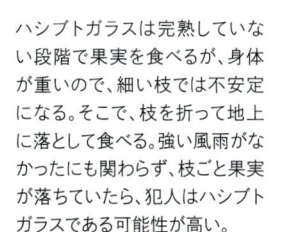

ハシブトガラスは完熟していない段階で果実を食べるが、身体が重いので、細い枝では不安定になる。そこで、枝を折って地上に落として食べる。強い風雨がなかったにも関わらず、枝ごと果実が落ちていたら、犯人はハシブトガラスである可能性が高い。

冬期は気温の低下とともに昆虫が少なくなり、樹上の果実もなくなるので、ルリビタキのような冬鳥は落ち葉をひっくり返し、地上に落ちた実を見つけて厳しい冬をしのぐ。ルリビタキはヒタキ科の冬鳥で全長14cm。雄は鮮やかな瑠璃色の羽色が目立つ。

キビタキはミズキの果実を好んで食べる。季節移動する鳥類にとって、果実は貴重な食糧源となっている。キビタキはヒタキ科の夏鳥で全長13.5cm。雄は喉の周囲の橙色の羽が目立つ。

ハナズオウ

鮮やかな花とハート形の葉。

【花蘇芳】 *Cercis chinensis* マメ科ハナズオウ属

樹高：低木 小高木 高木 2〜4m 花期→果期：1 2 3 4 5 6 7 8 9 10 11 12
分布：中国原産

60%

光沢がある。

細かな葉脈が網目状に入る。

表

裏

基部が大きくくぼむ、整ったハート形。
葉柄の両端が目立って膨らむ。

　中国原産で、庭木や公園樹として植えられる。蘇芳という熱帯アジア原産の木を原料にした蘇芳染めに花色が似ているのが和名の由来。花は葉が展開する前の4月に咲き、蝶のような形で鮮やかな紅紫色の花が枝にびっしりつく。葉は形が整ったハート形で、葉柄の両端が膨らむのが特徴。果実は豆の形で、秋にさや状の平らな果実がたくさんつく。

果実

さやは平たく、びっしりつく。

花

鮮烈な紅紫色の花が枝にびっしりつく。花の柄が枝から直接出る幹生花で熱帯植物に多いタイプ。

コクサギ

ちょっと臭い木？

【小臭木】 *Orixa japonica* ミカン科コクサギ属

樹高：低木 2〜4m　花期→果期：4 5　10 11
分布：本州〜九州

50%

中央より葉先側で幅が最大になる倒卵形（とうらんけい）。

光沢が強く、日陰でもてかてかと目立つ。

表

2枚単位で互い違いにつく。

かいでみよう
独特の臭気がある。

側注：
- 不分裂
- 全縁
- 落葉
- 互生

山地の沢沿いなど、やや湿った場所に生える。クサギ（170ページ）のように臭気があり、同種よりも小形であることが和名の由来だが、悪い臭いには感じない。倒卵形（とうらんけい）で光沢の強い葉は、葉序（ようじょ）がユニーク。互生なのだが、右右・左左・右右……と2枚ずつ交互に葉がつくのが特徴で、これをコクサギ型葉序と呼ぶ。他にケンポナシ（20ページ）、ヤブニッケイ（152ページ）、サルスベリ（202ページ）などで同じ葉序が見られる。

コクサギ型葉序の樹木いろいろ

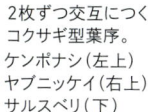

2枚ずつ交互につくコクサギ型葉序。
ケンポナシ（左上）
ヤブニッケイ（右上）
サルスベリ（下）

ナンキンハゼ

幅のほうが太い葉。

【南京黄櫨】 *Triadica sebifera* トウダイグサ科ナンキンハゼ属

樹高：低木 小高木 **高木** 5～15m 花期→果期：1 2 3 4 5 **6 7** 8 9 **10** 11 12
分布：中国原産

原寸大

個性的な幅広の形。

表

樹皮
不規則に縦に裂ける。

葉柄が長く、主脈と共に明るい色が目立つ。

基部にいぼのように腺点がある。

[形が異なるタイプ] 表

　中国原産で、公園樹や街路樹として植えられる。西日本に多く、野生化して河原や山地などに入り込んでいる。ひし形あるいは卵形の葉は、基部から葉先までの縦の長さよりも、幅のほうが長くなる場合が多く個性的。葉柄が長く、基部には一対の腺点があり、枝葉を傷つけると乳液が出るなど他にも特徴が多い。ハゼノキ（278ページ）とは別の仲間だが、種子からろうが採れ、真っ赤に紅葉する特徴が共通で、中国原産なのが和名の由来である。

つながっている生き物

種子からはろうや油が採れ、ロウソクや石けんづくりに用いられる。脂肪分が豊富なので、キジバトやヒヨドリ、スズメなどの野鳥が食べる。
キジバトはハト科で全長33cm。デッデッポーポーと鳴く。スズメはスズメ科で全長14.5cm。

タムシバ

葉をかむ木。

【噛柴】 *Magnolia salicifolia* モクレン科モクレン属 別名：ニオイコブシ

樹高：低木 **小高木** 高木 3〜9m 花期→果期：1 2 3 **4 5** 6 7 **8 9** 10 11 12
分布：本州〜九州

不分裂 / 全縁 / 落葉 / 互生

70%

特徴が似るコブシに比べて細身で、中央か基部側で幅が最大になるが、変異がある。

山地のブナ林などに生え、中部地方以西に多い。葉をかむとさわやかな甘味があり、かつて山仕事の合間にかんだので、かむ柴（木）と呼ばれ、それがなまって転じたのが和名の由来である。花や果実などが同属のコブシ（183ページ）に似るが、葉は細身で葉先にかけて狭くなる。ただし変異があるので、花の下に葉がつかない点などで見わける。枝葉の芳香が素晴らしいのが別名の由来で、枝葉を蒸留し、芳香成分を抽出してアロマ製品などに利用する。

表

うすく、裏面はやや白っぽい。

かんでみよう

葉をかむと、さわやかな芳香と甘味がある。特に新緑の葉はそのままサラダになりそうなほど。

花

コブシと異なり、雄しべが赤褐色を帯び、花の下には葉がつかない。

シデコブシ

【四手辛夷】 *Magnolia stellata*
モクレン科モクレン属 別名：ヒメコブシ

樹高：低木 **小高木** 高木 3〜5m
花期→果期：1 2 **3 4** 5 6 7 8 9 **10** 11 12
分布：東海地方

東海地方のみに自生し、各地で庭木や公園樹として植えられる。コブシと同様、春先に葉が出る前に白や淡紅色の花が咲く。花びらが12〜18枚と多いのが特徴で、花の形が神事に使われる四手（しで）に似ているのが和名の由来。花色が濃い紅色のものはベニコブシと呼ばれ、珍重される。

70%

モクレン科の中では小さく、葉先が丸い。

表

表面の凹凸が目立つ。

ぱりぱりした質感。

花

細長い花びらが集まり、四手のような形。

レンゲツツジ

国内最大級の鬼ツツジ。

【蓮華躑躅】*Rhododendron molle*　ツツジ科ツツジ属　別名：オニツツジ

樹高：低木　1～2m　花期→果期：5 6 7 8 9
分布：本州～九州

70%

葉先に近いほうで幅が最大になる倒卵形。

表面はしわが目立つ。

表

基部は細いくさび形。

枝先に花芽が1つつき、2～8個の花が集まって咲く。本種の花は日本のツツジ類の中で最大級の大きさである。

花

　冷涼な丘陵や草原、牧場などに生え、庭木や公園樹にされることもある。朱橙色の大形の花が特徴で、つぼみの形状を蓮の花に見立てたのが和名の由来。花色が黄色のキレンゲツツジという品種もある。他のツツジ類とは、細長い倒卵形の葉で見わけられる。本種は花が大きく日本のツツジ類で最大級。可憐なヤマツツジの花に対し、大形で派手な色彩なので、「鬼躑躅」の別名がある。葉にも花にも毒を含む有毒植物である。

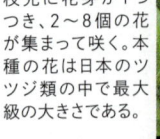

自生風景

有毒植物なので家畜や野生動物が食べず、牧場などに多く生えている。

ネジキ

樹皮や葉先がねじれる木。

【捩木】 *Lyonia ovalifolia* var. *elliptica*　ツツジ科ネジキ属　別名：カシオシミ

樹高： 低木　**小高木**　高木　3〜7m
花期→果期： 1 2 3 4 **5 6 7** 8 **9 10** 11 12
分布：東北地方南部〜九州

不分裂／全縁／落葉／互生

原寸大

葉先はねじれながら、とがる。

ふちがよく波打つ。

中央よりも基部寄りで幅が最大になる水滴形。

表／裏

葉脈の基部から葉柄にかけて白い毛が密生する。

丘陵や山地の乾燥した場所に生える。縦に裂ける樹皮がねじれるのが和名の由来であり、最大の特徴でもある。それだけでも見わけられそうだが、カツラ（92ページ）やアセビ（127ページ）も同じ傾向があるので、葉や冬芽を併せて確認しよう。葉は水滴形で、ふちがよく波打つのが特徴。葉先もねじれることが多く、葉柄には毛が密生する。花期には、スズランのようなつぼ形の白い花が多数連なり、冬芽や冬芽がつく枝は赤くなって美しいので花材に使われる。

樹皮　縦に裂ける樹皮がねじれるのが最大の特徴。カツラやアセビも同じ傾向がある。

花　つぼ形の白い花が多数連なり、スズランのよう。

イヌブナ

黒っぽい樹皮が別名の由来。

【犬橅】 *Fagus japonica* ブナ科ブナ属　別名：クロブナ

樹高： 低木 / 小高木 / **高木** 25m前後　花期→果期： 1 2 3 4 **5** 6 7 8 9 **10** 11 12
分布：東北地方南部〜九州

原寸大

ブナよりやや大きいが、うすく、ふちがあまり波打たない。

側脈はブナより多く、10〜14本。

表

裏

樹皮の比較

イヌブナ　**ブナ**

樹皮の色味は対照的で、それぞれクロブナとシロブナの別名がぴったり。

萌芽力が強く、新しい枝やひこばえをよく出すのもブナとの違い。

　本種は「森の女王」とも呼ばれるブナ（右ページ）と同じブナ属の近縁種で日本固有種でもあるが、ブナの人気に比べると、影のような存在である。白みがあってなめらかで美しいブナの樹皮に対して、本種はいぼ状の皮目が目立つ、黒っぽい樹皮で、これが別名の由来である。冷涼な気候を好むブナよりも標高の低い山地に生え、特に太平洋側の乾燥した山地に多い。葉のふちがあまり波打たず、側脈が多いことや、ひこばえが出ることもブナとの違いである。

ブナ

多くの生き物に恵みを与える、森の女王。

【橅・山毛欅】 *Fagus crenata* ブナ科ブナ属　別名：シロブナ、ソバグリ

樹高：高木 20〜30m　花期→果期：5、9、10
分布：北海道南部〜九州

原寸大

側脈は波の谷に向かって伸びる。

側脈はイヌブナより少なく、通常7〜11本。

「セブンイレブン」と覚える

ふちが大きく波打つ。

裏／表

樹形

幹は白みを帯びた灰色で美しく、地衣類がついてまだらになる。なめらかで裂けない。

不分裂／全縁／落葉／互生

標高の高い山地や寒冷地に生え、ミズナラ（17ページ）と並び山地林を代表する樹木で日本固有種。本種は美しい幹や優雅な樹形で人気が高いが、姿が美しいだけでなく、自然界において重要な役割を果たしている。保水力が高い本種は、ブナ林と呼ばれる純林を形成して、日本海側の多雪地帯などの水源をかんようしており、「緑のダム」と呼ばれる。秋に熟す、そばの実に似た果実も森の恵みで、ツキノワグマなど多くの生き物の栄養源となっている。材が腐りやすく、狂いも大きくて使い道が無い木なのが、「橅」の名の由来といわれるが、今は生物多様性を支える樹木として高く評価されている。

つながっている生き物

どんぐりの形がそばの実に似ているのが別名の由来。どんぐりはツキノワグマの秋の栄養源だが、ブナとクマのつきあいは秋だけではない。春、クマが冬ごもりを終えて活動を始めると、芽吹いたばかりのブナの木に登り、新芽を夢中になって食べる。ブナの新芽には整腸作用があるといわれる。

新芽を食べるツキノワグマ

どんぐり

クロモジ

ほのかに甘く、さわやかな香り。

【黒文字】 *Lindera umbellata* クスノキ科クロモジ属

樹高：低木 小高木 高木 2〜5m　花期→果期：1 2 3 4 5 6 7 8 9 10 11 12
分布：北海道〜九州北部

80%

枝先に集まってつき、
5枚集まることが多い。

表

白っぽい。　裏

枝は緑色で、
文字に例えられる
黒い模様が入る。

　山地に生え、寒冷地に多い落葉低木。早春、芽吹きと同時に黄色い花が咲き、新緑との色のコントラストがさわやかである。見た目だけではなく、香りもさわやかで、枝葉にとても良い芳香があるのが最大の特徴。樹木の中でも一二を争うさわやかな香りで、昔から高級つまようじの材料に使われているほか、アロマオイルや化粧品などにも利用されている。緑色の枝に入る黒い模様が、文字のように見えるのが和名の由来である。

ヤマコウバシ

【山香】*Lindera glauca*
クスノキ科クロモジ属　別名：ヤマコショウ

樹高： 低木 小高木 高木 2〜7m
花期→果期： 1 2 3 4 5 6 7 8 9 10 11 12
分布：関東地方〜九州

　山野に生え、庭木として植えられる。クロモジと同じく、枝に香りがあるのが和名の由来。葉はぱりぱりした質感で、ふちが波打つ。葉柄が極端に短く、枝から直接葉が出ているように見える。冬の間も枯れ葉が落ちずに残るのも特徴で、春に新しい葉が出ると落葉する。黒く熟す果実がコショウの実に似ていて、少し辛みがあるのが別名の由来である。

樹皮
黒い模様が文字のように見えるのが和名の由来。

花
芽吹きと開花が同時で、色のコントラストが美しい。

果実
小さな球形で黒く、コショウの実に似ている。

ぱりぱりした質感で、ふちは波打つ。

長だ円形で、葉柄が極端に短い。

落葉せずに枯れ葉が残るのは、カシワ（16ページ）と同じ特徴。

かいでみよう

枝の芳香は葉よりも強い。飲食店などで、クロモジのつまようじを見かけたら、折ってかいでみよう。加工してある状態でも、さわやかな芳香がしっかりとすることに驚く。

不分裂 / 全縁 / 落葉 / 互生

アブラチャン

アブラちゃんではなく、アブラチャン。

【油瀝青】*Lindera praecox*　クスノキ科クロモジ属　別名：ムラダチ

樹高：低木／小高木／高木　2〜5m　花期→果期：3 4／10 11
分布：本州〜九州

原寸大

- だ円形で、葉先がとがる。
- ふちが波打つ。
- ちぎると良い香りがする。
- 表
- 葉柄が赤みを帯びる。

樹形
ひこばえがよく出るので、結果的に幹が多数集まる、株立ちの樹形になる。樹皮は灰褐色で裂けない。

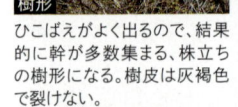

果実
油分が多く、かつては灯火用に利用された。

　山地の湿った環境に生え、沢沿いに多い。一風変わった名だが、ちゃんづけで呼んでいるのではない。チャンとは瀝青（れきせい）のことで、天然アスファルトや石油など炭化水素類の総称。材や果実が油分を多く含み、生木でも燃えやすいことが和名の由来である。かつては果実や樹皮を燃やし、灯火として利用した。同属のクロモジ（198ページ）やダンコウバイ（211ページ）と同じように、早春に黄色い花が咲き、山の春を鮮やかに彩る。ひこばえがよく出て、幹が多数集まる株立ちの樹形になるのが、ムラダチ（群立ち）の別名の由来である。

グミ類 グミ科グミ属
Elaeagnus spp.

葉裏の金属光沢が特徴。

原寸大

- だ円形で、アキグミより幅がやや広い。
- 金色の金属光沢がある。
- 葉柄は茶色い。
- 白みの強い鱗状毛で覆われ金色の鱗状毛が点在する。

原寸大

- 細いだ円形でナツグミより幅が狭い。
- 若葉は表面にも鱗状毛が多い。
- 銀色の金属光沢がある。
- 鱗状毛に覆われているのがよくわかる。

不分裂 / 全縁 / 落葉 / 互生

ナツグミ
【夏茱萸】*Elaeagnus multiflora*
グミ科グミ属

樹高：低木 小高木 高木 2〜4m
花期→果期：4 5 6 7
分布：北海道南部〜近畿地方

　海岸沿いや山野の日当たりのよい場所に生え、果実が食用になるので、庭木としても植えられる。本種は葉裏が鱗状毛で覆われて金属光沢があるのが特徴である。銀色の鱗状毛の中に金色の鱗状毛が点在し、金色に見える。だ円形の赤い果実は食用になり、夏に熟すのが和名の由来である。

アキグミ
【秋茱萸】*Elaeagnus umbellata*
グミ科グミ属

樹高：低木 小高木 高木 2〜4m
花期→果期：4 5 6 9 10 11
分布：北海道南部〜九州

　山野や河原などの日当たりのよい場所に生え、やせ地でも育つので砂防用として植えられる。球形の赤い果実が秋に熟すのが和名の由来で、食用になるがやや渋いので、果実酒などにする。葉から若い枝まで白い鱗状毛にびっしりと覆われ、葉裏は銀色に見える。

サルスベリ

すべすべの樹皮と、百日咲き続ける花。

【猿滑】 *Lagerstroemia indica*　ミソハギ科サルスベリ属　別名：ヒャクジツコウ（百日紅）

樹高： 低木 <u>小高木</u> 高木　3〜9m　花期→果期： 1 2 3 4 5 6 <u>7 8 9 10 11</u> 12
分布：中国原産

80%

表

2枚ずつ交互につくコクサギ型葉序（191ページ）になり、対生することもある。

裏

丸みのある卵形で、葉先がくぼむ葉も多い。

花

淡紅色や白色の花が多く、真夏を象徴する花の一つ。百日紅の別名通り、花期は約3ヶ月にも及ぶ。

触ってみよう

つるつるの樹皮は猿も滑るだろうか。実際に触って確かめてみよう。

　庭木や街路樹として広く植えられる中国原産の小高木。曲がって伸びる幹は、樹皮がまだらにはがれて、すべすべになり、猿も滑りそうだというのが和名の由来。とても個性的な樹皮だが、リョウブ（28ページ）やナツツバキ類（55ページ）も似るので、葉や花も併せて確認しよう。花期がとても長く、「百日紅」の別名通り、初夏に開花した花は真夏も咲き続け、秋半ばまで花が残る。葉のつき方がコクサギ型葉序（191ページ）になるのも、本種の特徴である。

ミツバツツジ

その名の通り、枝先に3枚つく葉。

【三葉躑躅】 *Rhododendron dilatatum*　ツツジ科ツツジ属

樹高： 低木 ／ 小高木 ／ 高木　1〜3m　花期→果期： 1 2 3 **4 5** 6 **7 8 9** 10 11 12
分布：関東地方〜近畿地方の太平洋側

80%

ひし形に近い卵形で、葉先はやや伸びる。

裏

葉裏には毛が少ない。

葉は枝先に3枚つく。

不分裂／全縁／落葉／互生

丘陵から山地の尾根や岩場に生え、庭木として植えられる。和名の通り、葉が枝先に3枚ずつ生えるツツジの仲間で、類似種がとても多い。正確に種類を識別するのは難しく、分布域や葉の形、葉裏、毛の多い少ないなどを総合的に確認する必要がある。本種と分布域が重なるトウゴクミツバツツジは、葉裏の葉脈上と葉柄に毛が密生するが、本種は少ない。西日本に分布するコバノミツバツツジは葉裏の網目模様が目立ち、日本海側に分布するユキグニミツバツツジは葉裏の葉脈上に褐色の毛が多いが、葉柄は無毛である。その他のミツバツツジ類は分布が局地的である。

紅葉　紅葉も美しく、庭木として人気がある。

花　本種は雄しべが5本なのも、見わけるポイント。他のミツバツツジ類は10本。

モチツツジ

粘るツツジ。

【餅躑躅】*Rhododendron macrosepalum* ツツジ科ツツジ属　別名：イワツツジ

樹高： 低木 　小高木　　高木　 1～2m　　花期→果期： 1 2 3 **4 5 6** 7 **8 9 10** 11 12
分布：東海地方～四国

原寸大

やや細い卵形。

表

腺毛に覆われ、粘る。

裏

花の比較

丘陵や里山に生え、庭木や公園樹にされる。新芽や若い枝、がくなどに腺毛(せんもう)が多く、鳥もちのように粘ることが和名の由来。平安時代より栽培され、多くの園芸品種の原種となっていて、イワツツジの別名で歌にも詠まれている。花は淡紅紫色で、葉が伸びるのと同時に開花する。葉の裏の腺毛の粘りで、他のツツジ類と区別することができる。

モチツツジ
薄紅紫色で、がくや花柄は腺毛に覆われ、粘る。

ヤマツツジ
朱色だが、まれに紅紫色になることがある。雄しべは5本。

ヤマツツジ

代表的な野生ツツジ。

【山躑躅】 *Rhododendron kaempferi* ツツジ科ツツジ属

樹高： 低木 小高木 高木 1～3m
花期→果期： 1 2 3 **4 5 6** 7 **8 9 10** 11 12
分布：北海道南部～九州

不分裂 / 全縁 / 落葉 / 互生

原寸大

- 枝先に集まってつき、5枚前後であることが多い。
- 卵形で、全体が金色から茶色の毛に覆われる。
- 冬も、小さい夏葉が枝先に残る。
- 葉脈上に金色の毛が密生する。

表 / 裏

山野に普通に生える、最も身近な野生ツツジ。ツツジ類では最も広く分布する。春に咲く花は朱色で、枝先に2～3個つく。地域によって花の形や色に変化が大きく、多くの品種がある。半常緑性で、春に生える葉は秋に落葉するが、夏から秋にかけて生える小さな夏葉は冬も残る。葉は枝先に5枚つくことが多く、葉柄や葉裏の葉脈上には金色がかった剛毛が多いが、モチツツジとは異なり、粘らない。

メギ

【目木】 *Berberis thunbergii*
メギ科メギ属　別名：コトリトマラズ

樹高： 低木 小高木 高木 1～2m
花期→果期： 1 2 3 **4 5** 6 7 8 9 **10 11** 12
分布：東北地方南部～九州

原寸大

- へら形で、葉先は丸い。
- とげがある。
- 基部が葉柄のように細くなる。

表

山地や丘陵に生える。メグスリノキ（244ページ）と同じように、枝葉を煎じて洗眼薬として用いたのが和名の由来。枝がとげだらけなので小鳥もとまれないというのが別名の由来で、生け垣に使われる。だ円形の果実が、秋に真っ赤に熟す。

果実

見た目はおいしそうだが、食用には不向き。

205

アオギリ

種子を乗せて空飛ぶボート。

【青桐】 *Firmiana simplex* アオイ科アオギリ属

樹高：低木 小高木 高木 10〜15m 花期→果期：1 2 3 4 5 6 7 8 9 10 11 12
分布：本州南部、四国、九州、沖縄、中国原産

50%

裂片の先はとがる。

表

基部は深くくぼむ。

大形で、
3〜5つに裂ける。

種子がボートに
乗っているよう。

分裂
全縁
落葉
互生

樹皮
シラカバ、ヒメシャラと並び三大美幹木とされる。

樹形
緑色の樹皮は老木では灰白色になるが、幹の上部には緑色が残る。

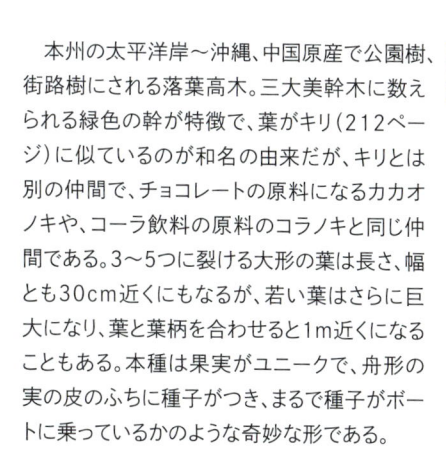

果実
袋状の果実は、種子が熟す前に裂けて舟形になり、多数ぶら下がる。

本州の太平洋岸〜沖縄、中国原産で公園樹、街路樹にされる落葉高木。三大美幹木に数えられる緑色の幹が特徴で、葉がキリ（212ページ）に似ているのが和名の由来だが、キリとは別の仲間で、チョコレートの原料になるカカオノキや、コーラ飲料の原料のコラノキと同じ仲間である。3〜5つに裂ける大形の葉は長さ、幅とも30cm近くにもなるが、若い葉はさらに巨大になり、葉と葉柄を合わせると1m近くになることもある。本種は果実がユニークで、舟形の実の皮のふちに種子がつき、まるで種子がボートに乗っているかのような奇妙な形である。

飛ばしてみよう

種子を乗せたボートは、川に流されるのではなく、風に乗って宙を舞う。種子が重心の軸となり、くるくると回転し、ゆっくりと落下する。

アカメガシワ

代表的なパイオニアツリー。

【赤芽柏】 *Mallotus japonicus* トウダイグサ科アカメガシワ属　別名：ゴサイバ、サイモリバ

樹高：低木　小高木　**高木**　5〜15m　　花期→果期：1 2 3 4 5 **6 7** 8 **9 10** 11 12
分布：本州〜沖縄

50%

[分裂葉] 若木に多く見られる形で、浅く3つに裂ける。

見てみよう

星状毛が多い。ルーペで見てみよう。

表

三行脈（さんこうみゃく）が目立つ。

30%

[不分裂葉] 成木に多く見られる形。

表

基部に蜜腺があり、蜜が出るのでアリが集まる。

葉柄は長く、赤い。

樹皮

白く、縦に浅く裂ける。

新芽

空き地などに最初に出てくる木で、赤い新芽で本種だとわかる。

　山野の明るい場所に普通に生える落葉高木。空き地など開けた明るい環境で、雑草のように最初に生えてくるパイオニアツリー（先駆性樹木）で、和名にもなっている赤い新芽が目立つ。パイオニアツリーは、出てくるのが早いだけでなく生長も速いが、衰えるのも早く、寿命が短い傾向がある。カシワと同じように、大きな葉に食物を載せたのが、和名や別名の由来である。若木の葉は浅く3つに裂けるが、生長してくると葉は不分裂になる。不分裂葉はイイギリ（22ページ）に似るが、本種は鋸歯がないので見わけられる。

ウリノキ

葉は似ていても、ウリは実らない。

【瓜木】*Alangium platanifolium* ミズキ科ウリノキ属

樹高：低木 3〜4m　花期→果期：5 6 7 8
分布：北海道〜九州

50%

分裂／全縁／落葉／互生

浅く3つに裂け、アカメガシワの不分裂葉に似る。

表

基部がハート形に大きくくぼむ。

表［黄葉］
葉は黄色に色づく。

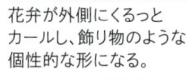

花
花弁が外側にくるっとカールし、飾り物のような個性的な形になる。

果実
直径7〜8mmの小さなだ円形で藍色に熟す。ウリは実らない。

　山地の林内などに生え、日陰を好む傾向がある。幅広で大きな葉の形がウリ科の植物に似るのが和名の由来だが、まったくの別種で、ウリは実らない。果実は小さな球形で、藍色に熟す。葉はアカメガシワ（左ページ）の分裂葉にも似るが、本種は基部がハート形に大きくくぼみ、蜜腺がないなどの点で見わけられる。春から初夏にかけて咲く花は、飾り物のようで個性的である。

ユリノキ

半袖シャツのような葉と、チューリップに似た花。

【百合木】 *Liriodendron tulipifera*　モクレン科ユリノキ属　別名：ハンテンボク、チューリップツリー

樹高： 低木 / 小高木 / **高木** 30m以上　　花期→果期： 1 2 3 4 **5 6** 7 8 9 **10 11** 12
分布：北米原産

葉柄は3〜10cmで、とても長い。

表

葉先はくぼむか、直線になる。

50%

樹形

原産地では50m近くにもなる高木。国内の公園や植物園にもしばしば30mほどの巨木がある。

花

高い木の上のほうに咲くので簡単には見られないが、ヒヨドリやワカケホンセイインコなどの野鳥が花の蜜をなめようと、花を根元から切断することがあり、落ちている花を見つけて観察することができる。

　明治時代に導入された北米原産の高木で、公園樹や街路樹として広く植えられている。幅広の葉は、半袖のシャツのような個性的な形で、見わけるのは容易。この個性的な葉を半纏（はんてん）に見立てたのがハンテンボクの別名の由来。もう一つの別名「チューリップツリー」は、花の形がチューリップに似ていることに由来し、学名も「チューリップのようなユリの木」の意である。花は、黄緑色の花弁に橙色の斑が入って美しく、良い香りがするが、高い位置に咲くので、見るのに一苦労する。

ダンコウバイ

食器のように、3つに裂ける葉。

【檀香梅】 *Lindera obtusiloba* クスノキ科クロモジ属　別名：ウコンバナ、シロジシャ

樹高： 低木 | 小高木 | 高木　3～5m　花期→果期： 1 2 **3 4** 5 6 7 8 **9 10** 11 12
分布：関東地方～九州

60%

浅く3つに裂け、葉先は丸い。

基部はくさび形で三行脈(さんこうみゃく)が目立つ。

表

かいでみよう
枝葉には芳香がある。

　山地の尾根や林縁など、やや乾燥した場所に生え、庭木や公園樹にされることもある落葉低木。春先に葉が伸びる前に、クロモジ（198ページ）やアブラチャン（200ページ）など同属の他種に似た黄色の花が咲く。葉は葉先が浅く3つに裂け、まるでスプーンとフォークを合わせた食器のような個性的な形が特徴だが、枝の基部には裂けない葉もあって、分裂葉と不分裂葉が混在する。クロモジと同じように枝葉には芳香があり、材がようじに使われることがある。和名は本来、ロウバイ（171ページ）の一品種につけられた名前だったという。

分裂 / 全縁 / 落葉 / 互生

樹姿
春の黄色い花もいいが、秋の黄葉も美しい。

花
同じ仲間のクロモジやアブラチャンに似た黄色い花。

211

キリ

高級家具に使われる、とても軽い材。

【桐】 *Paulownia tomentosa*　キリ科キリ属

樹高： 低木 小高木 **高木** 8〜15m　花期→果期： 1 2 3 4 **5 6** 7 8 **9 10** 11 12
分布：中国原産

40%

若木の葉はとても大きくなる。

切れ込みがごく浅い、角が3〜5つある葉と不分裂葉がある。

表

[不分裂葉] **20%**

表

葉裏には腺毛が生え、やや粘る。腺毛は特に葉脈上に多い。

樹皮
灰褐色で縦に浅く裂ける。

花
淡紫色で円すい状。葉が伸びる前に咲く。

　中国原産の高木で、古くから各地で栽培されている。幅広の葉は浅く切れ込み、野球のホームベースのような角が3つの形、角が5つある形、角がなくトランプのスペードのような形の不分裂葉などがある。葉の裏には腺毛（せんもう）が生え、やや粘る。本種は国産材で最も軽く、白くて木目も美しい上、耐火性が高くて吸湿性が低いことから、昔から高級箪笥（たんす）の材として使われる他、下駄、木箱、琴、金庫の内装など幅広い用途に使われている。淡紫色の花は、花札の絵柄にもなっている。

イタヤカエデ

葉のふちが全縁のカエデ。

【板屋楓】 *Acer pictum* ムクロジ科カエデ属

樹高：低木 小高木 **高木** 15〜20m　花期→果期：1 2 3 **4 5 6 7 8** 9 10 11 12
分布：北海道〜九州

80%

分裂 / 全縁 / 落葉 / 対生

切れ込みが深く、5〜7裂する。

ふちに鋸歯はなく全縁で、波打つことが多い。

表

裏も葉柄も無毛で、基部だけに毛のかたまりがある。

裏

　冷涼な山地に生えるカエデの仲間で、公園樹として植えられることもある。本州産のカエデ類の中で唯一、鋸歯がなく全縁なのが本種の特徴。葉は変異が大きく、切れ込みの深さや毛の量によって亜種や品種に細かく分類されることがあるが、まずは広義のイタヤカエデとして覚えておこう。春、葉が出る前に咲く黄色の花は、蛍光色のように鮮やかで、周囲の新緑やヤマザクラの花と相まって山肌を彩る。幅広の葉が密に茂るのを、板の屋根に見立てたのが和名の由来である。

樹皮：明るい灰色で、縦に浅く裂ける。

花：蛍光色のような黄色。葉が伸びる前に咲く。

213

カクレミノ

姿を隠すことのできる葉っぱ？

【隠蓑】 *Dendropanax trifidus* ウコギ科カクレミノ属

樹高： 低木 小高木 高木 3〜10m 花期→果期：1 2 3 4 5 6 7 8 9 10 11 12
分布：関東地方南部〜沖縄

80%

[分裂葉]外側に開くように3つに裂け、葉脈も3本に分かれる。

表

葉柄が長く、蓑（みの）というよりも団扇（うちわ）のように見える。

表

海辺の照葉樹林内などに生え、庭木や公園樹として植えられる。日当たりが悪くてもよく育つので、日陰になる庭などによく植えられている。葉の形を、昔話に出てくる、かぶると姿を消すことができるという天狗の隠れ蓑（みの）に見立てたのが和名の由来という。3つに分裂する葉が特徴だが、若い木では分裂の数や切れ込みの深さが異なり、成木ではほとんどが不分裂葉になるなど、木の年齢によって変異が大きいので、よく観察しよう。

キヅタ

【木蔦】*Hedera rhombea*
ウコギ科キヅタ属　別名：フユヅタ

樹高：低木 小高木 高木 つる性
花期→果期：1 2 3 4 5 6 7 8 9 10 11 12
分布：本州〜沖縄

分裂 / 全縁 / 常緑 / 互生

　山野や照葉樹林内に生えるつる性の木で、気根を出して、樹木や岩の上をはい登る。グラウンドカバーや壁面緑化などに使われるのはセイヨウキヅタやカナリーキヅタであることが多い。ツタ（229ページ）が秋に落葉するのに対し、常緑で冬も葉を落とさず、花期も冬なのでフユヅタの別名で呼ばれる。

樹形
上部に葉がまとまる樹形で、これこそ蔦に似ているように見える。

果実
秋に紫黒色に熟し、ヒヨドリなどの野鳥が食べる。

原寸大
[不分裂葉]
3〜7分裂の葉と不分裂の葉がある。

[分裂葉] 40%
表

表

90%
[不分裂葉]
木の生長につれて増え、成木ではほとんど不分裂葉になる。

樹形
気根で木や岩、壁をはい登る。

215

ヤツデ

九つでも八手。

【八手】 *Fatsia japonica*　ウコギ科ヤツデ属　別名：テングノハウチワ

樹高： 低木　小高木　高木　1〜3m　　花期→果期： 1 2 3 4 5 6 7 8 9 10 11 12
分布：関東地方〜沖縄

50%

光沢があり、肉厚。

大形で、葉の直径は20〜40cm、葉柄も長さ30cmにもなる。

表

　　海岸沿いの林内に自生し、身の回りのいたるところで普通に見られる。カクレミノ（214ページ）と同じように、葉は天狗の道具に例えられ、大きな分裂葉を天狗の羽団扇（はうちわ）に見立てたのが別名の由来。和名は「八手」だが、実際に8つに裂けている葉はきわめてまれで、ほとんどの葉が9つに裂けている。アオキ（108ページ）と同様、日陰でも生育のよい常緑樹なので庭木として人気があり、ヒヨドリなどの野鳥が果実をよく食べて、種子を運ぶため、市街地の公園や人家近くなどにもよく生えている。

フユイチゴ

【冬苺】*Rubus buergeri*
バラ科キイチゴ属

樹高： 低木 小高木 高木 つる性
花期→果期： 1 2 3 4 5 6 7 8 9 10 11 12
分布：関東地方〜九州

　山野に普通に生える常緑のキイチゴ。冬に果実が赤く熟すのが和名の由来で、果実は食べることができる。葉は浅く3〜5裂し、細かい鋸歯がある。葉柄や枝に毛が多く、とげは少なめ。

分裂

鋸歯

常緑

互生

50%

樹形

日陰でもよく育ち、アオキやシュロと同じように鳥が果実を食べ、種子を散布することによって増えている。

花

小さな白い花が球形に集まって咲き、ハエやアブの仲間がよく集まる。

丸みがあり、浅く3〜5裂する独特の形。

葉柄や枝に毛が多い。

表

❗ 数えてみよう

7〜11裂するが、ほとんどの葉が9裂で、8裂はまれである。

果実

直径約1cmの球形。冬に熟し、食べることができる。

ヤマブドウ

秋の山歩きの楽しみ。

【山葡萄】 *Vitis coignetiae*　ブドウ科ブドウ属

樹高： 低木　小高木　高木　つる性　　花期→果期： 1 2 3 4 5 6 7 8 9 10 11 12
分布：北海道〜四国

40%

3ないし5つに浅く裂け、五角形に近い形になる。

赤褐色の毛が密生する。

基部はハート形で、深くくぼむ。

表

裏

食べてみよう

　山地の林縁や沢沿いなどに生える野生のブドウ。巻きひげを伸ばして、他の樹木などにからんで育つ。秋に熟す果実は生食でき、秋の山歩きの楽しみの一つ。食用ブドウとは異なり、甘味だけでなく、しっかりした酸味があって糖と酸のバランスのよい大人の味である。果実は生食以外にジャムやジュース、果実酒にする他、ワインの醸造にも使われる。大形の葉は鮮やかに紅葉する。

果実は甘味と酸味のバランスのよい大人の味。山で見つけたら、野味溢れる味を堪能しよう。

ハリギリ

カエデに似た葉。

【針桐】 *Kalopanax septemlobus*　ウコギ科ハリギリ属　別名：センノキ

樹高： 低木 小高木 **高木** 20〜25m　花期→果期： 1 2 3 4 5 6 **7 8 9 10** 11 12
分布：北海道〜沖縄

分裂／鋸歯／落葉／互生

50%

5〜9つに大きく裂け、イタヤカエデのよう。

表

かいでみよう
葉をちぎるとウコギ科の香りがする。

樹皮
縦に深く裂け、ややクヌギに似る。ところどころとげがある。

枝
枝や幹にはとげが多い。若葉は天ぷらにするとおいしい。

　冷涼な山地林から照葉樹林まで、幅広い範囲に生える。葉がカエデ類、とくにイタヤカエデ（213ページ）に似ているが、互生であることと、縦に深く裂ける樹皮、枝や幹にとげがあることを確認すれば本種だと見わけられる。材はキリ（212ページ）に似ており、家具材として有用である。針（とげ）があって、材がキリに似るのが和名の由来。若葉は山菜として食べることができ、天ぷらに向いている。

プラタナス類 スズカケノキ科スズカケノキ属
Platanus spp.

公園樹、街路樹の代表格。

30%

[モミジバスズカケノキ]
幅広で大きく、3〜5つに裂け、鋸歯は粗い。

切れ込みの深さは他2種の中間だが、変異があるので注意。

[スズカケノキ]

葉の基部より少し上で葉脈が分岐する。

[アメリカスズカケノキ]

モミジバスズカケノキ

【紅葉鈴懸】 *Platanus* × *acerifolia*
スズカケノキ科スズカケノキ属　別名：プラタナス

樹高：低木 小高木 高木 20〜30m　花期→果期：1 2 3 4 5 6 7 8 9 10 11 12
分布：雑種

　西アジア原産のスズカケノキと、北米原産のアメリカスズカケノキの人工交雑種で、イギリスで作られたという。街路樹に向く樹種ということで、明治末期に取り寄せられ、日本全国で植えられた。和名よりも属名（学名）の「プラタナス」で呼ばれ、親しまれている。多数ぶら下がる鈴のような果実を、山伏が着る篠懸（すずかけ）という法衣の上から身につける結袈裟（ゆいげさ）に見立て、一括りに篠懸と呼んだのが和名の由来である。果実がたくさんの鈴がぶら下がっているように見えるからともいわれる。プラタナスと総称される他2種、スズカケノキ、アメリカスズカケノキとの見わけについては右ページ参照。

3種の比較

葉の切れ込み 
- アメリカスズカケノキ: 浅い
- モミジバスズカケノキ: 中間的
- スズカケノキ: 深い

樹皮
- アメリカスズカケノキ: 褐色で縦に裂け、幹の下のほうでは樹皮がきれいにはがれない。 
- モミジバスズカケノキ: うろこ状によくはがれ、緑色の樹皮が現れ、まだらになる。 
- スズカケノキ: うろこ状にはがれ、灰白色と緑褐色のまだらになる。 

果実
- アメリカスズカケノキ: 1本の枝に1個 
- モミジバスズカケノキ: 1本の枝に1～3個 
- スズカケノキ: 1本の枝に3～6個 

分裂／鋸歯／落葉／互生

アメリカスズカケノキ

【亜米利加鈴懸】 *Platanus occidentalis*
スズカケノキ科スズカケノキ属　別名：プラタナス

樹高： 低木　小高木　**高木**　20～30m
花期→果期： 1 2 3 **4 5** 6 7 8 9 **10 11** 12
分布：北米原産

　モミジバスズカケノキの母種で北米原産。同じように街路樹や公園樹として植えられる。3種の中で葉の切れ込みが最も浅く、1本の枝につく果実の数は1個、樹皮は縦に裂け、他2種ほどはがれにくい点で見わけることができる。

スズカケノキ

【篠懸木】 *Platanus olientalis*
スズカケノキ科スズカケノキ属

樹高： 低木　小高木　**高木**　20～30m
花期→果期： 1 2 3 **4 5** 6 7 8 9 **10 11** 12
分布：西アジア原産

　モミジバスズカケノキの母種で西アジア原産。海外ではよく植えられるが、国内では少ない。3種の中で葉の切れ込みが最も深いが、個体差もあるので注意したい。果実は1本の枝に3～6個と3種で最も多くつく。樹皮はモミジバスズカケノキのようにはがれやすい。

モミジバフウ

ウニのようにとげとげした果実。

【紅葉葉楓】 *Liquidambar styraciflua* フウ科フウ属 別名:アメリカフウ

樹高: 低木 / 小高木 / **高木** 15m以上　花期→果期: 1 2 3 **4** 5 6 7 8 9 10 **11 12**
分布:北米原産

50%

[モミジバフウ]
5つに裂け、カエデ類に似るが互生。

鋸歯は細かい。

表

葉柄は4～12cmと長い。

50%

[フウ]
3つに裂け、形はトウカエデに似るが、互生で大きい。

表

フウ

【楓】 *Liquidambar formosana*
フウ科フウ属　別名:タイワンフウ

樹高: 低木 / **小高木 高木** 15m以上
花期→果期: 1 2 3 **4** 5 6 7 8 9 10 **11 12**
分布:中国原産

細かい鋸歯がある。

葉柄が長く、5～10cm。

モミジバフウは北米原産で、公園樹や街路樹として植えられる。葉は黄、橙、赤の鮮やかなグラデーションに紅葉し、形がカエデ類に似るので間違われることがあるが、カエデとは異なる仲間。カエデ類は葉が対生するのに対し、本種は互生する点で見わけられる。フウ属の木で、葉がモミジ（カエデ類）に似るのが和名の由来。ニシキギ（99ページ）と同じように、枝に翼があるという特徴がある。果実の形は、いがぐりかウニのようにとげにおおわれた球形で目立つ。

フウは中国原産で、モミジバフウと同様、美しく紅葉するので街路樹として植えられるがやや少ない。モミジバフウの葉が5つに裂けてカエデに見えるのに対し、本種は3つに裂ける。枝に翼はない。

分裂
鋸歯
落葉
互生

枝：モミジバフウ
ニシキギと同じように、枝に薄い板状の翼がつくことがある。

🔍 樹皮と果実の比較

樹皮

モミジバフウ
縦に裂け、生長とともにコルク層が発達して凹凸が深くなる。

フウ
縦に細かく裂けるが、浅い。

果実

モミジバフウ　**フウ**
両種とも、いがぐりかウニのようにとげにおおわれた球形。モミジバフウの果実のとげは太く、フウの果実はとげが細く、反る。軽く踏んでもつぶれないほど堅い。

樹形：モミジバフウ
モミジバフウの紅葉。緑〜黄〜橙〜赤のグラデーションが美しい。暖地でも鮮やかに紅葉する。

アメリカガシワ　切り紙のような葉と、まんまるのどんぐり。

【亜米利加槲】 *Quercus palustris*　ブナ科コナラ属　別名：セイヨウガシワ、ピンオーク

樹高： 低木　小高木　**高木**　20m以上　　花期→果期： 1 2 3 **4** 5 6 7 8 9 **10 11** 12（翌年）
分布：北米原産

80%

分裂の山には、糸状の鋸歯が出る。

主脈近くまで深く切れ込む。

　北米原産の高木で、公園樹として植えられることがあるが少ない。幹をまっすぐ伸ばし、あまり枝を広げずに、すらっとした樹形になる。葉は主脈近くまで深く裂け、紙を切り刻んだような独特の形で、見わけやすい。どんぐりは直径1cmほどの小さな球形で、かわいらしくて人気がある。

❗ 拾ってみよう

どんぐりは直径1～2cmの小さい球形で、2年で熟す。細かい毛に覆われて白っぽいが、磨くと毛が取れて地の色が現れる。

樹皮　灰白色で、縦に浅く裂ける。

樹形　すらっとした樹形。秋には鮮やかに紅葉する。

フヨウ

ハイビスカスのような花。

【芙蓉】 *Hibiscus mutabilis* アオイ科フヨウ属

樹高：低木　1〜4m　花期→果期：7 8 9 10 11
分布：中国原産

50%

鈍い鋸歯がある。

浅く5つに裂ける。

基部はハート形にくぼむ。

表

分裂 / 鋸歯 / 落葉 / 互生

中国原産の低木で古くから栽培され、温暖な地域の海岸沿いなどでは野生化している。熱帯花のハイビスカスと同じ仲間なので（学名の属名参照）、真夏に咲く白や薄紅色の花はよく似ているが、ハイビスカスは常緑樹である。葉はアカメガシワやウリノキ（208〜209ページ）に似るが、鈍い鋸歯がある点で見わけられる。本種は日当たりのよい環境を好み、大気汚染などに強く丈夫なので、道路沿いに植えられることが多い。

花

真夏に咲く花はハイビスカスに似て、南国ぽい雰囲気がある。サルスベリと同じように花期が長い。

カジノキ

和紙の原料になる強じんな繊維。

【梶木】 *Broussonetia papyrifera* クワ科カジノキ属

樹高： 低木 小高木 高木 10m前後　花期→果期： 1 2 3 4 5 6 7 8 9 10 11 12
分布：原産国不明

60%

[分裂葉]
クワ科の他種と同じように3～5つに裂ける。

食べてみよう

果実は熟すと食べることができ、甘い。

鋸歯は鈍く細かい。

表

葉柄にも毛が密生する。

表は短い毛が生え、裏は柔らかい毛がビロード状に密生する。

[不分裂葉] 表

　和紙の原料として古くから暖地で栽培され、山野に野生化している。葉は同じクワ科のヤマグワ（右ページ）やヒメコウゾ（228ページ）などと似ていて、3～5つに裂ける葉から、裂けない葉まであるが、本種は表裏共に毛が多く、表面がざらざらする点で見わけられる。樹皮の繊維は丈夫でちぎれにくく、和紙の原料になる。ときに対生する。

山野に野生化している。

花

雌花はチアガールが振るポンポンのよう。

ヤマグワ

人の暮らしに深く関わった木。

【山桑】 *Morus australis* クワ科クワ属　別名：クワ

樹高：低木／**小高木**／高木　3～10m　花期→果期：4 5 6 7
分布：北海道～沖縄

分裂／鋸歯／落葉／互生

60%

マグワよりも葉先が長く伸びる。

[3裂葉]
ヒメコウゾやカジノキよりも鋸歯が大きい。

[不分裂葉]
生長してくると分裂しない葉が増える。

表

30%
[5裂葉]
若い木は分裂が多い。こんなユニークな形も。

　身近な山野に普通に生え、丘陵や低山にも多い。本種は中国原産のマグワと共に「クワ」と総称され、葉がカイコの食草（餌）になるため、養蚕のために古くから人里近くで栽培された。郊外の古い地図を見るとクワ畑が多く、かつて養蚕が盛んだったことがわかる。果実ははじめ赤く、次第に黒く熟し、生食できて甘く、菓子の材料やジャムにして利用される。本種は分裂する葉としない葉が混在するが、若い木は分裂葉が多く、生長するにしたがって不分裂葉の割合が増える傾向がある。

食べてみよう

果実はそのまま食べることができ、甘い。ムクドリなどの野鳥も良く食べ、種子を運ぶ。雌しべの一部が残って目立つのが本種の特徴。マグワの花柱は短いので、残っても目立たない。

ヒメコウゾ

葉の変異が多い木。

【姫楮】 *Broussonetia kazinoki* クワ科カジノキ属　別名：コウゾ

樹高： 低木 小高木 高木 2～5m　花期→果期： 1 2 3 4 5 6 7 8 9 10 11 12
分布：本州～九州

80%　[3分裂葉]
葉をステッチするように葉脈がふちどる。

[不分裂葉]
裂けないタイプ。

表

鋸歯はヤマグワやマグワよりも細かい。

葉柄はごく短く約1cm。

表

食べてみよう

果実はねばついて、口当たりは今ひとつだが、甘くておいしい。食べて試してみよう。

山野に生える低木。カジノキ（226ページ）と同じように樹皮の繊維が丈夫でちぎれにくく、和紙の原料として使われる。学名の種小名がなぜか「*kazinoki*（カジノキ）」なのは、かつて分類で混乱し誤って記載されたもの。葉はカジノキやコウゾに似るが、カジノキのような剛毛はなく、コウゾよりも葉柄が短い点で見わけることができる。葉はクワ科の他種と同じで変異が大きく、不分裂、2裂、3裂、5裂とバリエーション豊か。果実は初夏に橙色に熟し、ねばついて口当たりがよくないが、甘くておいしい。

樹形
枝は細く、よく分岐する。

花
カジノキと似たポンポンのような形。赤紫色が目立つ。

ツタ

紅葉するツタ。

【蔦】*Parthenocissus tricuspidata*　ブドウ科ツタ属　別名：ナツヅタ

樹高：低木　小高木　高木　つる性　花期→果期：1 2 3 4 5 6 7 8 9 10 11 12
分布：北海道～九州

分裂／鋸歯／落葉／互生

40%

[紅葉]

浅く3裂し、先端は鋭くとがる。

やや厚く、光沢がある。

基部はハート形に深くくぼむ。

葉柄は長く、15cm前後。

鋸歯の先端に鋭い突起がある。よく似て、触るとかぶれるツタウルシには突起がない。

山野に生え、樹木や岸壁をはい登る、つる性の植物。キヅタ（215ページ）が、常緑で冬も葉を落とさないのでフユヅタと呼ばれるのに対し、落葉する本種はナツヅタと呼ばれる。新緑や紅葉が美しい。かつて「みせん」と呼ばれる樹液を煮詰め、「甘蔓（あまづら）」と呼ばれる甘味料を作った。

樹形
大きなクスノキをはい登っている。

見てみよう
巻きひげの先端の吸盤を見てみよう。この吸盤で対象をしっかりととらえ、はい登る。

ノブドウ

【野葡萄】*Ampelopsis heterophylla*
ブドウ科ノブドウ属

樹高：低木　小高木　高木　つる性
花期→果期：1 2 3 4 5 6 7 8 9 10 11 12
分布：北海道～沖縄

山野の日当たりのよい場所に生え、他の植物にからんではい登る野生のブドウ。野に生えるブドウが和名の由来。果実は緑、黄、橙、薄紅、紫、青など色とりどりだが、ヤマブドウ（218ページ）と異なり、食用にならない。

60%

3裂し、先端は細長く伸び、とがる。

基部はハート形にくぼむ。

果実
とてもカラフルだが、食用にはならない。

モミジイチゴ

最もおいしいキイチゴ。

【紅葉苺】 *Rubus palmatus* バラ科キイチゴ属

樹高：**低木** 小高木 高木　1～2m　花期→果期：1 2 **3 4** 5 6 **7 8** 9 10 11 12
分布：本州〜九州

50%

[5裂葉]
東日本に分布する。

[3裂葉]
枝や葉柄にとげがある。
毛はほとんどない。

茎や枝には
まっすぐな
とげが多い。

[ナガバモミジイチゴ]
3つに裂け、中央部分が
長く、左右が短い、
細長い形。西日本に
分布する。

　山野の日当たりのよい場所に生える低木。カエデ類のような分裂葉で、茎や枝にはとげがある。「木苺」と総称される、果実を食べることができる野生のイチゴの中で特においしいのが本種で、果実は淡い黄橙色。生食のほか、ジャムづくりなどに利用される。中部以西の西日本では、3つに裂ける葉の中央部分が長く、左右の部分が短い変種ナガバモミジイチゴが多く、葉の形がコゴメウツギ（233ページ）に似るが、とげの有無で見わけることができる。カエデ類に似た分裂葉をもつ種の和名にはモミジバスズカケノキ、モミジバフウなど「葉（バ）」がつくが、本種にはつかず「モミジバイチゴ」ではないので、注意しよう。

食べてみよう

他のキイチゴ類の果実は赤く熟すが、本種は黄橙色。キイチゴ属の中で一番おいしいので、ぜひ食べてみよう。

クマイチゴ

クマが食べるイチゴ？

【熊苺】 *Rubus crataegifolius* バラ科キイチゴ属　別名：エゾノクマイチゴ

樹高： 低木　1〜2m　花期→果期：5 6 7 8
分布：北海道〜九州

両面とも毛が多い。

同科同属で山地の日当たりのよい場所に生える。モミジイチゴに葉が似るが大きく、表裏とも毛が多いので、見わけることができる。クマが出没しそうな場所に生えるのが和名の由来ともいわれる。

3〜5つに裂け、モミジイチゴに似るが変異が大きい。

モミジイチゴとは異なり、赤く熟す。

ニガイチゴ

苦くないニガイチゴ。

【苦苺】 *Rubus microphyllus* バラ科キイチゴ属

樹高： 低木　0.5〜1m　花期→果期：4 5 6 7
分布：本州〜九州

同科同属で山野に生える。和名からは果実が苦くて、食用に向かないことを想像するが、実際には苦くなく、他のキイチゴ類と同じように食用になる。花のつく枝の葉は切れ込みが浅い。

花のつかない枝は、葉が3つに裂ける。両面とも毛はない。

赤く熟す。和名とは異なり、甘い。

花のつく枝の葉で、切れ込みが浅いタイプ。粉を吹いたように白っぽい。

分裂　鋸歯　落葉　互生

231

ムクゲ

上方へ直線的に伸びる枝。

【木種】*Hibiscus syriacus* アオイ科フヨウ属 別名：ハチス

樹高： 低木 小高木 高木 3〜4m　花期→果期： 1 2 3 4 5 6 7 8 9 10 11 12
分布：中国原産

原寸大

[分裂葉]
浅く3つに裂けるが、切れ込まない葉もある。

[不分裂葉]
裂けないタイプ。

表　裏

基部から伸びる三行脈が目立つ。

中国原産とされるが、原産国不明という説もある。庭木として植えられるほか、汚れた空気に強く丈夫なので、街路樹としても植えられる。フヨウ（225ページ）と同じように、ハイビスカスと同じ仲間で、南国の雰囲気のある花が真夏に咲く。枝が上方へ直線的に伸びる樹形も本種の大きな特徴である。

樹形
枝が上方へ直線的に伸びる独特の樹形。街路樹として植えられる。

花
同属のハイビスカスに似て、南国の雰囲気のある花。5枚の花弁は白色や薄紅色で、中心が紅色であることが多い。

コゴメウツギ

カエデやキイチゴに似ている葉。

【小米空木】 *Neillia incisa* バラ科スグリウツギ属

樹高： 低木 1〜2m　花期→果期：5 6 9 10
分布：北海道〜九州

90%

切れ込みの深い葉や浅い葉があり、変異が大きい。

裏

葉先が細長く伸びるタイプ。

葉柄や若い枝が赤みを帯びることが多い。

三角に近い卵形で、粗い鋸歯が目立つ。

表

分裂 / 鋸歯 / 落葉 / 互生

樹形
枝を垂らすように水平に伸びることが多い。

花
5〜6月に咲き、直径4〜5mm。ウツギに似た白くて小さな花を小米に見立てたのが和名の由来。

　山野の林内や道ばたに生え、枝を垂らすように水平に伸びることが多い。葉は粗い鋸歯が目立ち、カエデ類やキイチゴ類に似ているが、対生ではなく互生である点を確認すればカエデ類ではないとわかるし、茎や枝にトゲがないことを確認すればキイチゴ類ではないと見わけられる。春から初夏にかけて咲く、小さくて白い花を、小米（小さく砕けてしまった米粒）に見立てたのが和名の由来である。

ウリハダカエデ

ウリの皮のような模様の樹皮。

【瓜膚楓】 *Acer rufinerve* ムクロジ科カエデ属

樹高: 低木 / 小高木 / **高木** 10m以上　花期→果期: 5 6 7 8 9 10
分布: 本州〜九州

80%

アカメガシワやキリ、ウリノキに似た五角形に近い形だが、対生で鋸歯がある点で見わけられる。

表

表 [紅葉]

[葉裏] 葉脈の脇に褐色の毛が生える。

　山地の谷間や斜面など、やや湿った場所に生えるカエデ類。緑色の樹皮に黒い縦じまが入り、これがマクワウリの皮の模様に似ているのが和名の由来である。スイカの皮の模様にも見えるこの樹皮には、ひし形の皮目が点々と入る。ウリカエデ(241ページ)やホソエカエデも樹皮が似ているが、ウリカエデは黒のしまがごく細くてひし形の皮目は入らず、葉は小さくて形が異なり、ホソエカエデは樹皮も葉もよく似るが、本種とは異なり葉柄が赤い点や葉脈の脇に毛がない点で見わけられる。

樹皮

本種の最大の特徴が、このウリの皮のしま模様のような樹皮だが、老木では灰褐色になり、縦に浅く裂ける。

カジカエデ

国旗のモチーフのような葉。

【梶楓】 *Acer diabolicum* ムクロジ科カエデ属　別名：オニモミジ

樹高： 低木　小高木　**高木** 10〜15m　花期→果期： 1 2 3 **4 5** 6 7 8 9 **10** 11 12
分布：本州〜九州

50%

分裂 / 鋸歯 / 落葉 / 対生

掌状に5つに裂け、鋸歯が粗い独特の形。

表

葉柄の長さと、葉の長さがほぼ同じ。

表 [黄葉]

山深くに生える日本固有種のカエデ類で、数は少ない。公園樹として植えられることがある。カナダの国旗のモチーフである、北米原産のサトウカエデに葉の形が似ていて個性的である。クワ科のカジノキ（226ページ）に葉が似るのが和名の由来とされるが、形を比べる限り、そうは思えない。葉や果実に剛毛が多いのが別名のオニモミジの由来で、これはカジノキと共通の特徴である。

❗ 飛ばしてみよう

カエデ類の果実は、種子に翼がついたオタマジャクシ形が多い。熟して落ちると、種子を軸に翼がプロペラのように回転する。風に乗って、種子が遠くまで運ばれるための仕組み（風散布）である。風散布の樹木には高木が多い。落ちるまでの滞空時間が長くなり、より遠くまで種子を飛ばすことができる。

ハウチワカエデ

切れ込みの多い葉は、天狗の羽団扇。

【羽団扇楓】 *Acer japonicum* ムクロジ科カエデ属　別名:メイゲツカエデ

樹高: 低木 小高木 高木　5〜12m前後　花期→果期: 1 2 3 4 5 6 7 8 9 10 11 12
分布:北海道〜本州

70%

葉脈のくぼみが目立つ。

切れ込みが多く、9つ以上に裂ける。

表 [紅葉]

表

葉柄は葉の長さの1/2以下で短く、毛がある。

　冷涼な山地に生える日本固有種のカエデ。庭木や公園樹として植えられる。ハウチワカエデ類は葉の切れ込みが多く、9つ以上に裂けるのが特徴で、葉の形を伝説上の天狗が使う羽団扇(はうちわ)に見立てたのが和名の由来である。よく似たオオイタヤメイゲツ、コハウチワカエデ(ともに右ページ)とは、葉柄の長さや毛の有無で見わける。

紅葉
葉が大きい上、多彩に色づいて美しい。

オオイタヤメイゲツ

たくさん裂ける、名月。

【大板屋名月】 *Acer shirasawanum* ムクロジ科カエデ属

樹高：低木 小高木 **高木** 10〜15m　花期→果期：1 2 3 4 **5 6 7 8 9** 10 11 12
分布：東北地方南部〜四国

分裂

鋸歯

落葉

対生

70%

分裂が多く、9〜13に裂ける。

冷涼な山地に生えるが、やや少ない。葉はハウチワカエデより小さく、コハウチワカエデより大きい中間サイズで、葉の分裂が多く、13裂にも及ぶことがある。カエデ類の多くは和名にカエデやモミジがつくが、本種は一風変わっている。イタヤメイゲツの別名があるコハウチワカエデに葉が似ていて、より大形であることが和名の由来である。

表

葉柄は葉の長さの1/2以上で無毛。

鋸歯は鋭い。

鋸歯は小さく、やや鈍い。

70%

コハウチワカエデ

【小羽団扇楓】 *Acer sieboldianum*
ムクロジ科カエデ属　別名：イタヤメイゲツ

樹高：低木 小高木 **高木** 10〜15m
花期→果期：1 2 3 4 **5 6 7 8 9** 10 11 12
分布：本州〜九州

冷涼な山地林に生え、庭木や公園樹として植えられる。ハウチワカエデ類では葉も鋸歯も小ぶりで、ヤマモミジ（238ページ、オオモミジの変種）に似るが、ヤマモミジは葉先が細長く伸び、鋸歯が粗い点で見わけられる。

表

葉柄は葉の長さの1/2以上で、毛がある。

葉脈が分岐する基部に毛が多い。

裏

237

オオモミジ

ぎざぎざの少ないモミジ。

【大紅葉】 *Acer amoenum*　ムクロジ科カエデ属　別名：ヒロハモミジ

樹高：低木／小高木／**高木** 10〜15m　花期→果期：4 5 6 7 8 9
分布：北海道〜九州

70%

7〜9つに裂ける。

鋸歯は細かく、揃っている。

表

山地や里山に生え、庭木や公園樹として植えられるカエデ類。葉は7〜9つに裂け、5〜7つに裂けるイロハモミジ（右ページ）と同じように、裂片が細長いのが特徴。この葉の形がカエルの手に似ていることから蛙手（かえるで）とされ、転じたのがカエデの名の由来。本種はイロハモミジよりも葉がやや大きく、鋸歯が細かく揃っているのが特徴。鋸歯が粗いタイプはヤマモミジと呼ばれる。

[変種のヤマモミジ]
重鋸歯で粗い。

50%

表

コミネカエデ

【小峰楓】 *Acer micranthum*
ムクロジ科カエデ属

樹高：低木／**小高木**／高木 6〜10m
花期→果期：6 7 8 9 10 11
分布：本州〜九州

山地に生えるカエデ類で、3〜5つに裂け、裂けた部分の葉先が長く伸びるのが特徴で、特に中央の葉先が尾のように長く伸びる。同じような特徴をもつカエデ類にミネカエデがあるが、葉の大きさは一回り大きく、中央の裂片の長さは本種よりも短い。

葉先が細長く伸びる。

70%

表

ふちは粗い重鋸歯になる。

イロハモミジ

日本の秋を彩る代表的樹木。

【以呂波紅葉】 *Acer palmatum* ムクロジ科カエデ属　別名:タカオカエデ

樹高:低木／小高木／**高木** 10m前後　花期→果期:1 2 3 **4** 5 6 **7 8 9** 10 11 12
分布:東北地方南部〜九州

70%

鋸歯は粗く、重鋸歯になる。

裂片は5〜7つで、オオモミジやヤマモミジより細い。

表 [黄葉]

表

表 [紅葉]

分裂／鋸歯／落葉／対生

　モミジという木はないが、本種をそう呼ぶ人は少なくない。紅葉シーズンの主役であり、我が国の秋を真っ赤に彩る代表的樹木である。公園や庭園、庭木に植えられておなじみだが、本来の自生は低山の日当たりのよい谷沿い。5〜7つに裂ける裂片を「いろはにほへと」と数えたことが和名の由来である。秋の紅葉が人気だが、春の新緑もとてもきれいで、葉が伸びると同時に真っ赤な花が咲き、花が受粉すると2個1組の竹とんぼのような形の果実がつく。果実ははじめ淡紅色でとても美しく、秋になると熟して茶色となり、やがて竹とんぼは2つに分かれ、おたまじゃくしのような形の翼果がひらひらと回転しながら落下する。

燃えるような真紅に色づき、日本の秋を彩る。

樹皮　縦に細かいすじが入る。

果実　はじめ淡紅色で美しく、熟すと茶色くなる。

つながっている生き物

コゲラ

　コゲラが冬芽についたアブラムシを器用に食べていた。アトリは若葉や花についた小さな昆虫を食べていた。樹木は多くの昆虫に利用され、その昆虫を鳥類が利用する。よく観察することで、生態系の中での生物間のつながりと大切さを知ることができる。
　コゲラはキツツキ科で全長15cm。日本最小のキツツキ。アトリはアトリ科の冬鳥で全長16cm。年によって飛来に変動がある。

アトリ

239

ハナノキ

花も葉も真紅のカエデ。

【花木】 *Acer pycnanthum* ムクロジ科カエデ属　別名：ハナカエデ

樹高： 低木 ・ 小高木 ・ 高木 20～25m　花期→果期： 1 2 3 **4 5** 6 7 8 9 10 11 12
分布：中部地方（長野・愛知・岐阜県）

70%

3つに裂ける。

白っぽい。

鋸歯は粗い。

[切れ込みが浅いタイプ]
花と同じように紅葉も真紅に色づき、美しい。

裏

表

葉柄が長く、赤みを帯びる。

表 [紅葉]

　山地の湿地などに生えるが、自生は局地的で少ない。フサザクラ（35ページ）と同じように、春、葉が伸びる前に真紅の花が咲いて木全体を彩り、目立って美しいのが和名の由来である。花だけでなく紅葉も美しいので、公園樹や街路樹として植えられるが、大気汚染には弱い。メグスリノキ（244ページ）と同じように、樹皮や葉を煎じて洗眼に用いる。

樹皮
灰白色で縦に裂ける。

花
雄花。春、葉が伸びる前に咲く。

花が美しいのが和名の由来。紅葉も美しい。

トウカエデ

街路樹の定番カエデ。

【唐楓】 *Acer buergerianum* ムクロジ科カエデ属

樹高： 低木 小高木 **高木** 10〜20m　花期→果期： 1 2 3 **4 5 6** 7 8 9 10 11 12
分布：中国原産

分裂 / **鋸歯** / **落葉** / **対生**

70%
[表]
3つに裂けるが、切れ込みの深さには変異がある。

鋸歯はあまり目立たない。

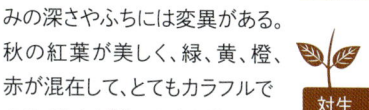

[表][紅葉]

三行脈が目立つ。

葉裏は白っぽい。

[鋸歯が目立つタイプ][裏]

原産国の中国を意味する「唐」が和名の由来となったカエデ。大気汚染に強く、街路樹としてよく植えられる。3つに裂ける葉は単純な形で、三行脈（さんこうみゃく）が目立って覚えやすいが、切れ込みの深さやふちには変異がある。秋の紅葉が美しく、緑、黄、橙、赤が混在して、とてもカラフルである。樹皮が縦によくはがれる。

[樹皮]
淡い茶色で縦に裂け、よくはがれるのも本種の特徴。

ウリカエデ

【瓜楓】 *Acer crataegifolium*
ムクロジ科カエデ属　別名：メウリノキ

樹高： 低木 **小高木** 高木 6〜8m
花期→果期： 1 2 3 **4 5** 6 7 8 9 **10** 11 12
分布：東北地方南部〜九州

　山地の尾根などに生える。和名がウリハダカエデ（234ページ）に似て、緑色の樹皮に黒い縦しまが入る特徴も同じだが、葉の大きさや形がまるで異なる。葉はハナノキやトウカエデに似るが、細かい鋸歯がはっきりしている点で見わけられる。本種はカエデ類では葉の大きさが小さい部類に入る。

鋸歯は細かく、はっきりしている。

70%
3つに裂けることが多いが、5つに裂ける葉や裂けない葉もある。

[表]

[裏][不分裂葉]
葉裏は淡い緑色。

ウリハダカエデに似るが、ひし形の皮目は入らない。

[樹皮]

トチノキ

大きな掌状複葉。

【栃木】 *Aesculus turbinata* ムクロジ科トチノキ属

樹高： 低木　小高木　高木　20～30m
花期→果期： 1 2 3 4 5 6 7 8 9 10 11 12
分布：北海道～九州

30%

小葉は通常5～7枚。

小さな鋸歯があり、とがらない。

表
[黄葉]

表

小葉に柄がないのがコシアブラ（246ページ）との違い。

[ベニバナトチノキ]
鋸歯がとがる。

表

山地の沢沿いに生え、しばしば30mを超える大木になる落葉高木。公園樹や街路樹としても植えられる。外国産の雑種ベニバナトチノキも街路樹としてよく植えられるが、鋸歯の違いで見わけられる。大きな掌状複葉が特徴で、慣れないとホオノキ（180ページ）と見間違えることがあるが、葉のつき方を良く観察することで、掌状複葉と単葉が枝先に集まっている違いを見わけられるし、本種は小葉に鋸歯があるが、ホオノキの葉のふちは全縁である。春から初夏にかけて咲く花は、上向きの円すいの房状になり、ミツバチやハナバチ類の蜜源になる。秋に熟す、クリに似た種子をすりつぶし、アクを抜いたでんぷんを加工したものが栃餅の材料として使われる。

掌状
鋸歯
落葉
対生

「トチノキ」と「ホオノキ」の違いと見わけ方

トチノキは小葉数枚で1枚となる掌状複葉が枝先に集まって生えている。ホオノキは大きな単葉が枝先に集まって生えている。

トチノキ 小葉数枚で1枚の葉

ホオノキ 大きな単葉

花
山地の沢沿いなどに生え、大木も多い。

つながっている生き物

周囲にトチノキがないにも関わらず、実生が出ているのを見かけることがある。本種の実は大きいので、落ちただけで遠くまで転がることはできないし、鳥が食べられる大きさではないので、運ばれることもない。ネズミやリスなどのげっ歯類が食べたり貯食することもあるが、そう遠くまでは運ばないだろうし、それらが生息しないフィールドでも謎の実生は出ている。では、実はどうやって運ばれているのだろう。

メグスリノキ

戦国武将を支えた木。

【目薬木】*Acer maximowiczianum* ムクロジ科カエデ属　別名：チョウジャノキ

樹高：低木 小高木 **高木** 10〜15m　花期→果期：1 2 3 4 **5** 6 7 8 9 **10** 11 12
分布：東北地方南部〜九州

60%

小葉は大きく、鋸歯はあまりとがらない。

葉柄や葉の裏には毛が多く、ふさふさ。

裏

表

小葉の柄は短い。

　山地にまれに生えるカエデ類。小葉3枚で1枚の葉を構成する三出複葉が特徴で、同属のミツデカエデ（右ページ）が同じ三出複葉で似るが、鋸歯や葉柄の違いでみわけることができる。樹皮や葉を煎じて洗眼薬にしたのが和名の由来で、戦国武将の黒田官兵衛（くろだかんべえ）を輩出した黒田家は、本種から製造した目薬で財を築いて台頭し、その後も目薬が基盤となって一族の財政を支えたという。いわば目薬長者が、別名の由来である。黒田官兵衛は天下を取れる位置にいたので、本種がきっかけとなって、天下を統一する可能性もあったかもしれない。

樹皮
灰褐色で、生長とともに縦に裂ける。

果実
カエデ類共通のオタマジャクシ形の翼果（よくか）で大きい。

秋の紅葉が見事で、鮮やかなサーモンピンクに色づく。

ミツデカエデ

葉柄が赤い三出複葉。

【三手楓】 *Acer cissifolium* ムクロジ科カエデ属

樹高： 低木 小高木 **高木** 10m前後　花期→果期： 1 2 3 **4 5** 6 7 8 9 **10** 11 12
分布：北海道〜九州

60%

山地の沢沿いなどに生えるが少ない。庭木や公園樹として植えられる。同属のメグスリノキと同じように三出複葉で、小葉の鋸歯が粗く、葉柄が赤くて長いのが特徴。まれに小葉5枚の掌状複葉が出ることがある。

掌状 / 鋸歯 / 落葉 / 対生

30%

まれに小葉5枚の葉が出ることがある。

鋸歯は大きく、粗い。

葉柄は長く、赤い。

葉先が細長く伸びる。

ミツバウツギ

【三葉空木】 *Staphylea bumalda*
ミツバウツギ科ミツバウツギ属

樹高： 低木 小高木 高木 2〜4m
花期→果期： 1 2 3 4 **5 6** 7 8 **9 10 11** 12
分布：北海道〜沖縄

山地の日当たりのよい沢沿いなどに生える。三出複葉で、春から初夏にかけて咲く白い花がウツギ（104ページ）に似るのが和名の由来。花は完全には開かない形で、訪れる昆虫の種類を制限している。果実は、デカパン（太めの下着）がたくさん干してあるみたいでユニークな形。若葉は山菜として食べることができ、香ばしいにおいがする。

鋸歯は細かい。

60%

果実 デカパンを並べて干してあるようで面白い。

つながっている生き物

花を訪れたアオバセセリ。花は完全には開かない形で、蝶やハナバチ類など訪れる相手は限定される。

245

コシアブラ

山菜にも、さび止めにも。

【漉油・金漆】 *Chengiopanax sciadophylloides* ウコギ科コシアブラ属　別名：ゴンゼツ

樹高： 低木 小高木 **高木** 5〜15m　花期→果期： 1 2 3 4 5 6 7 **8 9 10 11** 12
分布：北海道〜九州

50%

鋸歯は細かい。　表

樹皮
灰白色でなめらか。

黄葉
秋に黄色く色づく。

側脈は
トチノキよりも
少ない。

小葉は5枚で
トチノキに似るが、
小葉に柄がある。

冷涼な山地の林内などに生える落葉高木。小葉5枚の掌状複葉でトチノキ（242ページ）に似るが、本種は小葉に柄があり、トチノキにはないことで見わけることができる。樹液を漉して、金漆（ごんぜつ）という金属のさび止めなどに使う、漆のような塗料油を採ったのが和名・別名の由来である。若葉は山菜として食べることができる。

樹形
真夏に花が咲く。

タカノツメ

果実が辛い？

【鷹の爪】 *Gamblea innovans*　ウコギ科タカノツメ属　別名：イモノキ

樹高：高木　5〜15m　花期→果期：9〜10
分布：北海道〜九州

60%

葉先は細長く伸びる。

鋸歯はとても
小さくて
目立たない。

　山地の尾根沿いや林内などに生える落葉高木。ウコギ科としては珍しい三出複葉で、枝先に集まってつく。タカノツメといっても唐辛子とはまったく関係なく、冬芽の形が鷹の爪に似ていることが和名の由来。若葉は山菜として食べることができ、秋の黄葉は澄んだ黄色が鮮やかで美しい。落ち葉から焼き芋のような香りがするのが別名の由来といわれる。

表

[冬芽]
タカ（猛禽類）の
爪に似るのが
和名の由来。

ヤマウコギ

【山五加木】 *Eleutherococcus spinosus*
ウコギ科エゾウコギ属　別名：ウコギ、オニウコギ

樹高：低木　2〜4m
花期→果期：5〜9
分布：本州〜四国

　山野に生える低木。小葉5枚の掌状複葉で、枝にとげがあるのが特徴。若葉は山菜として食べることができ、おひたしなどにする。かつては救荒食用に庭に植えられ、ウコギ飯にして食べた。

60%

小葉は倒卵形
で5枚。

鋸歯は鈍い。

表

とげがある。

ミツバアケビ

小葉が3枚のアケビ。

【三葉木通】 *Akebia trifoliata* アケビ科アケビ属

樹高： 低木 小高木 高木 つる性　　花期→果期： 1 2 3 **4 5** 6 7 8 9 **10** 11 12
分布：北海道～九州

80%

小葉は3枚で柄があり、波形の粗い鋸歯がある。

葉先はくぼむ。

表

山野に普通に生え、他の植物にからみついて伸びる、つる植物。アケビ（250ページ）と同属で、より寒冷な地域まで分布する。アケビの小葉が、やや細いだ円形の全縁で5枚なのに対し、本種は和名通り葉が3枚で波形の鋸歯がある。果実は約10cmのだ円形で、熟すと中心線から裂けて、お菓子のエクレアのように割れる。中からは綿状の果肉に包まれた種子が現れ、食べることができて甘い。つるは細工物に利用される。

食べてみよう

長いだ円形の果実は秋に熟し、中心から裂けて割れる。果肉も甘くておいしいが、皮を天ぷらにして食べるのもよい。

ツタウルシ

触ってはいけないつる植物。

【蔦漆】 *Toxicodendron orientale* ウルシ科ウルシ属

樹高：低木 小高木 高木 つる性　　花期→果期：1 2 3 4 **5 6 7 8 9** 10 11 12
分布：北海道〜九州

80%

掌状／全縁／鋸歯／落葉／互生

ひどくかぶれるので、絶対に樹液に触らないこと。

三出複葉で、小葉は普通全縁。

鋸歯の先端に突起はない（ツタは突起がある）。

表

幼木では粗い鋸歯の葉が出ることがある。

表

　山地の林内に生え、気根を出して他の樹木などをはい登る、つる性のウルシの仲間。樹液にウルシオールやラッコールという漆成分を含み、触ると激しい炎症を起こす。通常、葉に触るくらいではかぶれないが、人によっては近くを通っただけでもかぶれるという話もあるので触らないのが無難かもしれない。ウルシ属で唯一の三出複葉で小葉は全縁だが、幼木ではツタ（229ページ）で出る3小葉の葉に似た、鋸歯が粗い葉が出るので、注意が必要。ツタに似たウルシというのが和名の由来である。

紅葉
とても鮮やかな赤や黄に色づくが、触らないように注意しよう。

249

アケビ

目玉ぎょろの食草。

【木通・通草】*Akebia quinata* アケビ科アケビ属

樹高：低木・小高木・高木 つる性
花期→果期： 1 2 3 **4 5** 6 7 8 **9** 10 11 12
分布：本州〜九州

原寸大

小葉5枚の掌状複葉。

小葉は細めのだ円形〜倒卵形で全縁、柄がある。

表

葉先はくぼむ。

花

葉の間から花が下がり、先端には雄花が、根元には雌花がつく。

つながっている生き物

アケビを食草にするアケビコノハという蛾の幼虫には大きな目玉模様が2つあって、ユニーク。翅を木の葉に似せた成虫の擬態も見事である。

アケビコノハの幼虫

成虫

　山野に普通に生えるつる植物で、身の回りにも多く、樹木やフェンスなどにからみついて伸びる。全縁でだ円形の小葉5枚からなる掌状複葉で容易に見わけることができる。果実はミツバアケビ（248ページ）と同じだ円形で、やや小さく、熟すと裂けて割れ、果肉や皮が食用になる。果皮が朱色ぽいので「朱実（あけみ）」、あるいは果実が開くように割れるので「開け実（あけみ）」、これらが転じたのが和名の由来とされる。

マルバハギ

小葉の丸い三つ葉。

【丸葉萩】 *Lespedeza cyrtobotrya* マメ科ハギ属

樹高：低木　1〜2m
花期→果期：8 9 10
分布：本州〜九州

原寸大

小葉は全縁で3枚1組の複葉。

葉先は丸いか、くぼむ。

身近な山野の日当たりのよい場所に生える落葉低木。ハギ類は全縁の三出複葉で、秋に紫紅色の花が咲き、古くから歌に詠まれるなど、日本人に親しまれてきた。本種は和名の通り、特に小葉が丸く、花の穂が葉よりも短いのが特徴。

樹形：よく枝分かれして、株立ちになる。

花：花穂が葉よりも短い。

キハギ

【木萩】 *Lespedeza buergeri*
マメ科ハギ属　別名：ノハギ

樹高：低木　1〜3m
花期→果期：6 7 8 9 10
分布：本州〜九州

小葉は細めの水滴形で、葉先はとがる。

光沢があり、やや堅い質感。

ふちはやや波打つ。

原寸大

山野に普通に生え、庭木として植えられる。低木で木と草の中間的な性質をもつハギ類の中で、最も木の性質が強いのが本種で、和名の由来である。三つ葉の小葉は葉先がとがり、やや堅い質感で、光沢があるのが特徴。

樹形：根元近くで枝分かれする。

花：クリーム色で中心部が紫紅色を帯びる。

オニグルミ　実が食べられるクルミの木は、大きな羽状複葉。

【鬼胡桃】 *Juglans mandshurica var. sachalinensis*　クルミ科クルミ属

樹高： 低木 小高木 **高木** 10m前後　花期→果期： 1 2 3 4 **5 6** 7 8 **9 10** 11 12
分布：北海道〜九州

20%

表

小葉は幅が広いだ円形。
大判小判のような
イメージの形。

鋸歯は低く細かい。

小葉は5〜9対つき、
柄がごく短く、
となりの葉と重なる。

表

原寸大

樹形

樹形は横に広がる。種子が水に流されて分布を広げる
（水流散布）ので、沢や渓流、川沿いに多い。

山地の沢沿いや河原などに生え、庭木や公園樹にもされる落葉高木。幅が広い小葉からなる大形の羽状複葉が特徴で、葉全体で40〜60cmにもなる。葉裏や葉柄には褐色の毛が多く生え、手触りがふさふさしている。日本産のクルミ類で果実を食べることができるのは本種だけで、堅い殻の中の種子はおいしく、ニホンリスやエゾリス、ネズミ類などのげっ歯類が好んで食べる。簡単には割れない堅い殻がごつごつしているのが和名の由来で、ハシボソガラスが実を道路に落とし、車に轢かせて殻を割り、種子を食べる行動が有名である。タンニンが豊富な果皮は黒色の染料になり、材は優良で家具や建材などに使われる。

羽状

鋸歯

落葉

互生

見てみよう

冬芽は葉痕が羊やヤギ、サルの顔のように見えて楽しい。

つながっている生き物

クルミの実はリスの好物。げっ歯類が貯食のために実を埋めて、再び掘り出すのを忘れたものが実生となって生長し、分布を広げるという側面（動物散布）もある。

樹皮
暗褐色で、縦に浅く小さく裂ける。

果実
小葉がだ円形で、これだけ大きな羽状複葉は他にない。葉は枝先に集まってつき、果実は鈴なりにつく。

サワグルミ

食べられないクルミ。

【沢胡桃】 *Pterocarya rhoifolia*　クルミ科サワグルミ属　別名:カワグルミ、フジグルミ

樹高：低木 / 小高木 / **高木** 10〜20m　花期→果期： 1 2 3 **4 5 6 7 8** 9 10 11 12
分布：北海道〜九州

　冷涼な山地に生え、その名の通り沢沿いに多い。オニグルミ（252ページ）の樹形が横に広がる傾向があるのに対し、本種の樹形はすらりと伸びるのが特徴である。クルミの名に、つい期待してしまうが、残念ながら本種の実は食用にならない。果実の形はオニグルミとは大きく異なり、小さな堅果が多数穂状にぶら下がる。本種は渓流沿いの林を構成する先駆性樹木（パイオニアツリー）で、いち早く生えて生長も速い。樹齢は150年にも及び、渓畔林の極相を構成する。

鋸歯は細かく、鋭い。

小葉の基部近くは非対称でゆがむ。

毛はほとんどない。

50%

果実
(上)装飾品がぶら下がっているようで面白い。
(下)熟す前の果実の穂。

樹形
すらっとした樹形で、スマート。高さは普通15〜30mにもなる。

樹皮
暗灰色で縦に裂ける。

羽状
鋸歯
落葉
互生

表

小葉はオニグルミより幅が細く、ゆがんだだ円形。

カラスザンショウ

個性的な香りの鬼の金棒。

【烏山椒】*Zanthoxylum ailanthoides* ミカン科サンショウ属　別名：アコウザンショウ

樹高：低木　小高木　高木　6〜15m　　花期→果期：1 2 3 4 5 6 7 8 9 10 11 12
分布：本州〜沖縄

　海岸近くの林や山地の日当たりのよいところに生える高木で、樹冠を大きく広げてパラソル状の樹形になる。幹にとげやいぼが多く、まるで鬼の金棒のようなのが最大の特徴で、これだけで見わけることができる。若木の幹にはとげが多く、老木ではとげが落ちていぼ状になる。とげは枝だけでなく、葉軸（複葉の柄）にもあり、木全体がとげだらけといえる。ただ、とげのないトゲナシカラスザンショウという品種もある。枝葉には同じミカン科のコクサギ（191ページ）に似た独特の強い香りがある。昆虫のアゲハチョウ類の食草になるのもミカン科共通の特徴で、同じように食草として有名なサンショウに似るが、利用価値がないのが和名の由来とされる。

樹皮
とげやいぼが多く、まるで鬼の金棒のよう。

50%

軽くこすっただけで、強い香りがする。

裏

全面に油点があり、光に透かすと見える。

樹形
本種は先駆性樹木の一つであり、光をなるべくたくさん受けるために樹冠が広がり、パラソルのような、逆三角形の樹形になる。

かいでみよう

葉を軽くこすっただけで、ココナッツから甘みを除いたような独特の香りがする。この香りはコクサギに似ていて、悪臭と感じる人もいれば、良い香りだと感じる人もいて個人差がある。香りをかいで、確認してみよう。

羽状

鋸歯

落葉

互生

小葉は細く、葉先は細長く伸びる。

細かい鋸歯がある。

表

ヌルデ

よく（翼）見ればわかる。

【白膠木】 *Rhus javanica* ウルシ科ヌルデ属　別名：フシノキ（五倍子木）

樹高： 低木　小高木　高木　3〜8m　花期→果期： 1 2 3 4 5 6 7 8 9 10 11 12
分布：北海道〜沖縄

50%

小葉の途中から葉先にかけて鋸歯があり、基部側は全縁。

表

葉軸に翼があり目立つ。

樹皮
橙色の皮目が目立つ。

虫こぶ
ヌルデシロアブラムシによる虫こぶを五倍子（ふし）という。タンニンが豊富で、かつてはお歯黒としても使われた。

　山野に普通に生える小高木。複葉の柄（葉軸）に翼があるのが最大の特徴で、これを確認すれば、まず本種とみて間違いない。葉は虫こぶによって変形していることが多く、ヌルデシロアブラムシが寄生してできた虫こぶを五倍子（ふし）といい、タンニンを多く含むので薬用や黒色の染料として利用された。キブシ（45ページ）の果実もタンニンが豊富で、五倍子の代用として使われた。本種は比較的かぶれにくいとはいえ、ウルシの仲間なので注意したい。樹液は白い乳液状で、これを器具などに塗ったのが和名の由来である。

タラノキ

おいしい山菜にはとげがある。

【楤木】 *Aralia elata*　ウコギ科タラノキ属　別名：タランボ

樹高： 低木　小高木　高木　2〜6m　花期→果期： 1 2 3 4 5 6 7 **8 9 10 11** 12
分布：北海道〜九州

羽状／鋸歯／落葉／互生

50%

葉軸の とげは長い。

小葉は卵形で、 葉先が鋭くとがる。

鋸歯は 不揃い。

表

[1枚の葉の全形]
2回羽状複葉（羽状複葉がさらに羽状につく複葉）の巨大な葉。1枚の複葉全体が1mにもなる。

食べてみよう

新芽の味は絶品で山菜の王様ともいわれるが、採りすぎると木が枯れてしまうので、注意しよう。

　丘陵や低山の日当たりのよいところに生え、栽培もされる。「山菜の王様」といわれ、天ぷらにされる山菜の「たらの芽」は本種の新芽を摘んだものである。木全体にとげが多く、枝や葉軸、葉柄に加え、小葉の表面にまで曲がった細かいとげがある。カラスザンショウ（256ページ）と同じようにとげのない品種があり、メダラという。新芽を摘みすぎると木が枯れてしまうので、採りすぎないよう十分に注意しよう。

ナナカマド

鳥たちが好む、街路樹の赤い実。

【七竈】 *Sorbus commixta* バラ科ナナカマド属

樹高：低木 小高木 高木 5～10m　花期→果期：1 2 3 4 5 6 7 8 9 10 11 12
分布：北海道～九州

原寸大

鋸歯は鋭く、重鋸歯でぎざぎざな印象がある。

小葉は普通4～7対。

表

通常、葉柄と葉軸は赤みを帯びる。

冷涼な山地に生える高木で、寒冷地では街路樹や公園樹として植えられる。葉軸の先に頂小葉（ちょうしょうよう）がある奇数羽状複葉で、秋の真っ赤な紅葉と、葉が落ちた後も残る真っ赤な果実が特徴。たわわに実る果実はレンジャク類をはじめ、多くの野鳥にとって真冬の貴重な食糧となり、都市の街路樹に珍しい鳥がやってくることもある。材は緻密（ちみつ）で堅く、器具材として使われる。材がとても燃えにくく、かまどに7回入れても燃え残るというたとえ話が和名の由来で、最高級の薪炭材（しんたんざい）とされる。

羽状 / 鋸歯 / 落葉 / 互生

樹形　山でも街路樹でも、真っ赤な紅葉を見せてくれる。

樹皮　淡い褐色から暗灰色で、表面はなめらかだが浅く裂ける。

つながっている生き物

キレンジャク

本種は寒冷地の街路樹の代表的樹種であり、北海道に多い。真っ赤な果実は葉が落ちた後も残り、野鳥たちにとっては食糧が乏しくなる真冬の貴重な食糧となる。ツグミやヒヨドリ、レンジャク類をはじめ、年によってはギンザンマシコのような珍しい鳥が、札幌の街中で見られることがある。
キレンジャクはレンジャク科で全長19.5cm。尾羽の先が黄色い。

ニガキ

強い苦味のある木。

【苦木】 *Picrasma quassioides* ニガキ科ニガキ属

樹高： 低木 小高木 **高木** 10m前後　　花期→果期： 1 2 3 **4 5** 6 7 8 **9** 10 11 12
分布：北海道〜沖縄

60%

葉先にかけて急に幅が狭まり、細長く伸びる。

鋸歯は粗く、ぎざぎざ感がある。

基部は非対称のくさび形。

表

かんでみよう

葉をかむと、とても苦味が強いことがわかる。

山野の林内などに生える落葉高木。木全体に苦味成分を含むのが和名の由来で、樹皮を乾燥させたものを苦味健胃薬として利用する。小葉は鋸歯が粗く、基部は非対称でややゆがみ、先端にかけて急に狭くなって、葉先が細長く伸びるのが特徴。なめらかな樹皮が、やや紫色を帯びるのも本種の特徴である。

樹皮
なめらかで、紫色を帯びる暗褐色。老木になると縦に裂ける。

クサイチゴ

複葉のイチゴは草のよう。

【草苺】 Rubus hirsutus　バラ科キイチゴ属　別名：ワセイチゴ、ナベイチゴ

樹高：低木　小高木　高木　0.5m前後　花期→果期：1 2 3 4 5 6 7 8 9 10 11 12
分布：本州〜九州

50%

羽状 / 鋸歯 / 落葉 / 互生

葉先は細長く伸びる。

[5枚複葉]
小葉は幅が狭い卵形で三出複葉より大きい。

毛が生えて、手触りはふさふさ。

[三出複葉]
卵形で、5枚複葉の小葉よりも葉先は短い。

表

毛が多い。

とげはまばら。

表

　山野に普通に生えるキイチゴ類で、丈が低くて、木ではなく草のように見えるのが和名の由来。果実は食べることができ、春から初夏の早い時期に熟すので早稲苺（ワセイチゴ）の別名がある。小葉2対に頂点の小葉がつき5枚からなる複葉と、三出の複葉が混在し、花がつく枝では三出複葉になることが多く、若い枝では小葉5枚の複葉になることが多い。とげは比較的にまばらである。

食べてみよう

果実が熟す時期が早いのが別名の由来。味を試してみよう。

センダン

葉が落ちても残る、黄色い果実。

【栴檀】 *Melia azedarach* センダン科センダン属　別名：オウチ

樹高：低木 / 小高木 / **高木**　15m前後　花期→果期：5 6 / 10 11 12
分布：四国〜沖縄

20%
[1枚の葉の全形]
羽状複葉が羽状につく2回羽状複葉。

原寸大

表

小葉の鋸歯は鈍く、切れ込みが大きい。

鋸歯の切れ込みが根元まで達すると複葉となり、3回羽状複葉になる。

　四国以西の温暖な地域の海岸近くに自生するが、房総半島以西でも野生化し、本来の自生域については意見が分かれる。街路樹や公園樹として植えられる。タラノキ（259ページ）やナンテン（286ページ）と同じように羽状複葉が羽状につく2回羽状複葉が特徴。樹形は逆三角形の傘状になり、春から初夏にかけて淡紫色の花が木全体を埋め尽くすようにびっしり咲く。秋から晩秋にかけて球状で黄褐色の果実がびっしりつき、これを「千珠（せんだま）」と呼び、なまったのが和名の由来といわれる。

花
花弁5枚の淡紫色の花がびっしりと咲き、華やか。満開の木にモズがとまって、昆虫を狙っていた。

果実
果実は葉が落ちた後も残り、なかには春まで残る実もある。

サイカチ

ねじれてくねる、大きなさや。

【皂莢】 *Gleditsia japonica*　マメ科サイカチ属

樹高：低木・小高木・**高木** 20m　花期→果期：1 2 3 4 **5 6** 7 8 9 **10 11** 12
分布：本州～九州

60%

羽状／鋸歯／落葉／互生

小葉は4～12対で、先端の小葉がない（偶数羽状複葉）。

小葉の鋸歯はきわめて小さく、全縁に見える。

山野の沢沿いや川辺などにまれに生える落葉高木。木全体にとげがあるが、枝が変形したもので、何回も枝分かれを繰り返す。先端の小葉がない偶数羽状複葉で、だ円形の小葉が4～12対つく。さやが種子を包む果実は大きいもので30cmにもなり、ねじれてくねったさやが多数ぶら下がる。水辺に生えるのは種子が水に流されるからとも、かつて実を洗濯に使ったので人が水辺に植えたからともいわれる。本種が少ないのは、種子を散布するナウマンゾウが絶滅したためというユニークな説もある。

樹皮
とげは枝が変形したものなので、何度も枝分かれする。まるで忍者が使う武器の一つ、撒菱（まきびし）を大きくしたような形だ。

果実
大きなさやには直径1cmほどの豆状の種子が10～25個ほど入っている。

サンショウ

食生活に欠かせない木。

【山椒】 *Zanthoxylum piperitum* ミカン科サンショウ属 別名：ハジカミ

樹高：低木 2〜4m　花期→果期：5 9 10
分布：北海道〜九州

70%

鋸歯は大きい波形。へこんだ部分に明るく見える腺点がある。

表

若葉にはよく黄緑色の紋が現れる。

かいでみよう

スパイシーさと柑橘のさわやかさがバランスよく混ざったような芳香。

アゲハチョウの仲間の食草なので、幼虫がつくことも多い。

樹皮

とげは次第になくなっていき、こぶ状の突起が残る。太い幹はこぶだらけなので、すりこぎとして使われる。本種から作ったすりこぎで粉山椒を作るのもよい。

果実

紅色、赤褐色に熟し、裂けると中から黒い種子が現れる。果実を乾燥させ、皮を粉末にしたものが香辛料の粉山椒。

丘陵や低山のやや湿った環境に生え、庭や畑で栽培される。私たちの食生活に欠かせない利用価値の高い木で、香辛料の粉山椒は本種の果実の皮から作られ、若葉は「木の芽」と呼ばれて薬味や山菜になり、太い幹はこぶだらけになるので、すりこぎ（ゴマすり用の棍棒）にされる。とげが対生する点でイヌザンショウと見わけられるが、栽培用に植えられるアサクラザンショウのようにとげがない品種もある。

イヌザンショウ

【犬山椒】 *Zanthoxylum schinifolium*
ミカン科サンショウ属

樹高：[低木] 小高木 高木　1.5〜4m
花期→果期：1 2 3 4 5 6 7 8 9 10 11 12
分布：本州〜九州

　山地や河原などに生える落葉低木。サンショウに似るが香りが劣り、葉も果実も香辛料にならないのが和名の由来。サンショウよりも小葉が細長く、鋸歯が細かいなどの違いがあるが、サンショウのとげが対生するのに対し、本種のとげは互生するのが決定的な識別点。葉の違いと併せて確認しよう。

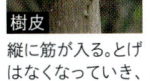

羽状／鋸歯／落葉／互生

70%
小葉はサンショウより細長い。
鋸歯は細かい。
表
主脈がくぼみ、はっきり見える。

樹皮　縦に筋が入る。とげはなくなっていき、こぶになる。

果実　香辛料にならないので、不名誉な名をつけられた。

ノイバラ

【野薔薇・野茨】 *Rosa multiflora*
バラ科バラ属　別名：ノバラ

樹高：[低木] 小高木 高木　1〜2m
花期→果期：1 2 3 4 5 6 7 8 9 10 11 12
分布：北海道南部〜九州

　身近な山野に普通に生える野生のバラ。花は白色で直径約2cmと小さく、園芸用のバラとは大きく異なる。葉は卵形の小葉が3〜4対つく羽状複葉で、葉軸の根元に、くし状に裂けた托葉があるのが特徴。枝にはかぎ状の鋭いとげがある。本種からも園芸品種がつくられ、台木にされる。

花　香りがよく、香水の原料になる。

果実　甘くて香りがよく、薬用にもなる。

表　70%
小葉は3〜4対。
裏は毛が多い。
くし状の托葉。
かぎ状の鋭いとげ。

ヤチダモ

稲を架けて干す木。

【谷地梻】 *Fraxinus mandshurica* モクセイ科トネリコ属

樹高：低木 小高木 **高木** 20〜30m　花期→果期：1 2 3 **4 5** 6 7 8 **9 10** 11 12
分布：北海道〜中部地方

40%

葉先は急にとがる。

小葉の基部に茶褐色の毛が密生する。

樹皮
白灰色で縦に深く裂ける。

表

小葉は3〜5対。

　冷涼な山地の渓流沿いや湿地などに生える落葉高木。トネリコ属の木はタモノキと総称され、材が堅いのが特徴で、野球のバットやスキー板、テニスのラケットなどに使われる。本種も材が堅く、寒さに強くて耐水性もあるので、水田の脇に植えられ、収穫した稲を干す「稲架木（はさぎ）」として利用される。小葉は3〜5対で、葉先が急にとがる卵形。小葉の基部に茶褐色の毛が密生するのが特徴で、似た環境に生える同属のシオジなどと見わけられる。

ニワトコ

骨折を治療する木。

【庭常】*Sambucus sieboldiana* レンプクソウ科ニワトコ属　別名：セッコツボク（接骨木）

樹高： 低木　小高木　高木　2〜5m　　花期→果期：1 2 3 4 5 6 7 8 9 10 11 12
分布：北海道〜九州

50%

羽状 / 鋸歯 / 落葉 / 対生

花のつく枝では普通小葉が2〜3対。

表

葉軸の長さに対して小葉は大きく、複葉は幅が広く見える。

葉柄が太い。

　山野の日当たりのよい環境に生える落葉低木。小葉は花のつく枝で2〜3対だが、花がつかない枝では4〜6対と変異がある。葉柄が太いのが特徴的。果実は夏に赤く熟し、枝先に多数集まってつくので目立つ。樹皮は黒灰色で縦に深く裂け、厚いコルク質である。本種の枝や樹皮を煎じたものを湿布薬として用い、骨折やねんざの治療に利用したのが別名の由来。髄がスポンジ状で、かつては顕微鏡で観察する対象を薄く切る際に利用した。

果実

直径2〜5mmと小さく、まとまってつき、赤く熟すので目立つ。

アオダモ

水が青くなる木。

【青梻】 *Flaxinus lanuginosa* モクセイ科トネリコ属　別名：コバノトネリコ

樹高： 低木　小高木　**高木** 5〜10m　花期→果期： 1 2 3 4 **5** 6 7 8 9 **10** 11 12
分布：北海道〜九州

原寸大

葉先は細長く伸びる。

小葉は細いだ円形で、通常2〜3対。

はっきりした波形の鋸歯がある。

表

やってみよう

アオダモ類の枝を折って水につけると、水が青くなる。これが和名の由来である。

　冷涼な山地に生える落葉高木。小葉は普通2〜3対で、鋸歯がはっきりする点でマルバアオダモ（右ページ）と区別することができる。樹皮は白くなめらかで、材は堅く粘り強いので野球のバットやテニスのラケットに使われる。枝を切って水につけると、水が青くなるのが和名の由来である。葉裏などに毛がないものはアラゲアオダモと呼ばれる。

花

線形の白い花が多数咲く。

マルバアオダモ

丸い葉のアオダモ。

【丸葉青梻】 *Flaxinus sieboldiana* モクセイ科トネリコ属

樹高： 低木 小高木 高木 5〜10m　花期→果期： 1 2 3 **4 5** 6 7 8 9 **10** 11 12
分布：北海道〜九州

80%

羽状 / 鋸歯 / 落葉 / 対生

葉先は細長く伸びる。

鋸歯はごく低く、全縁になることもある。

小葉は普通2〜3対。

基部近くの小葉は小さくて丸みが強い。

表

！やってみよう

果実には翼がついていて、落とすとくるくるとよく回転する。滞空時間を稼ぎ、風に乗って少しでも遠くまで運ばれるための仕組みである。カエデ類とは異なるつくりになっている。

　丘陵や山地の尾根など日当たりのよい場所に生える。アオダモ（左ページ）と同じトネリコ属で、材は堅く粘り強いので、器具材や建材として利用される。小葉の鋸歯がごく低いのが特徴で、全縁になることもあり、同属のアオダモやヤチダモ（268ページ）と区別できる。小葉が丸く見えるのが和名の由来で、とくに基部近くの小葉は小さくて丸みが強くなる。

樹皮

白灰色でなめらか。地衣類がついて、まだらになる。

キハダ

肌が黄色い木。

【黄膚】*Phellodendron amurense* ミカン科キハダ属

樹高： 低木 小高木 **高木** 10〜20m　花期→果期： 1 2 3 4 **5 6 7** 8 **9 10** 11 12
分布：北海道〜九州

50%

葉先は細長く伸びる。

小葉は長だ円形で
ふつう2〜6対。

ミカン科特有の
香りがする

裏

表

葉柄の基部が
冬芽を包む

かじってみよう

内皮をかじると、やや甘味のある苦味がする。薬用のほか、黄色の染料にも使われる。

　冷涼な山地の湿った場所に生える高木で、栽培用に植えられる。縦に裂ける樹皮はコルク質で弾力があり、削ると鮮やかな黄色の内皮が現れる。これが和名の由来で、内皮には苦味があって「黄柏（おうばく）」という生薬になり、健医薬や外用薬として用いられる。小葉は長だ円形で3〜6対つき、葉先が細長く伸びる。葉柄の基部が冬芽を包む（葉柄内芽（ようへいないが））のが特徴で、葉が落ちると冬芽が現れる。葉をちぎるとミカン科特有の香りがする。

ゴンズイ

役に立たない木？

【権萃】 *Euscaphis japonica*　ミツバウツギ科ゴンズイ属　別名：ゴゼノキ、クロクサギ

樹高： 低木　小高木　高木　5m前後　　花期→果期： 1 2 3 4 5 6 7 8 9 10 11 12
分布：関東地方～沖縄

50%

葉先はとがる。

鋸歯は低くて細かく、先が白く見えることが多い。

表

小葉は普通3～5対。

厚みと光沢がある。

羽状 / 鋸歯 / 落葉 / 対生

樹皮

樹皮や太い枝は地が黒褐色で、白い縦すじが入る。これが魚のゴンズイ（写真下）の模様に似るのが和名の由来という。

果実

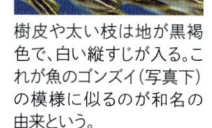

クサギと同じように果皮の赤色が背景となり、黒い種子を目立たせ、鳥類に食べられやすくアピールする、二色効果があると考えられる。

　雑木林や低山の林縁など、日当たりのよい場所に生える落葉小高木。材がもろく、木全体に臭気があり、春先に枝を切ると樹液が溢れ出るなど有用性が低い。とげに毒があり、雑魚や外道扱いされる魚類のゴンズイと同じように役に立たず、樹皮や太い枝に入る縦すじもゴンズイの模様に似ているので、そう名づけられたといわれるが諸説ある。小葉は落葉樹にしては厚みと光沢があり、日なたの葉は反り返る傾向がある。果実は袋状で赤く、熟すと裂けて光沢のある黒い種子が現れる。クサギ（170ページ）の果実と同じように二色効果があると考えられる。

ムクロジ

洗剤になる果実と、堅い種子。

【無患子】 *Sapindus mukorossi* ムクロジ科ムクロジ属

樹高： 低木　小高木　**高木**　15m前後　　花期→果期： 1 2 3 4 5 **6** 7 8 9 **10 11** 12
分布：関東地方～沖縄

　暖かい地域の山地に自生するが少なく、社寺や公園などに植えられる落葉高木。先端の小葉がない偶数羽状複葉が特徴で、小葉は普通4〜7対つく。小葉は紙のような質感で、秋に鮮やかに黄葉する。果実は秋に半透明の飴色に熟し、皮にはエゴノキ（74ページ）と同じようにサポニンが豊富に含まれるので、かつては洗剤として利用した。果実の中には直径1cmほどの球形の黒い種子が1個入っており、とても堅くて弾性があるので、羽子突き（はねつき）の羽根の球や数珠に使われる。中の種は食べることができ、脂肪を多く含んでおいしいが、堅い殻を割るのが一苦労である。

樹皮
なめらかだが、老木では大きくはがれる。

50%

表

基部は非対称でゆがむ。

小葉は長だ円形で全縁。紙のような質感。

羽状
全縁
落葉
互生

やってみよう

果実

果実

種子

果実はサポニンを豊富に含み、かつては洗剤として使われた。果皮を傷つけた果実を水に入れて振ると、よく泡立つので試してみよう。

種子は羽子突きの羽根に使われるほど、堅くて弾性があるので、コンクリートなど固い地面に投げつけると、よく跳ねる。

秋に美しい黄色に色づく。

通常、先端の小葉はなく、4～7対の偶数羽状複葉。

シンジュ

ごまの香りのする巨大な羽状複葉。

【神樹】 *Ailanthus altissima* ニガキ科ニワウルシ属　別名：ニワウルシ（庭漆）

樹高： 低木 小高木 **高木** 15m以上　　花期→果期： 1 2 3 4 5 **6 7 8 9** 10 11 12
分布：中国原産

　中国原産で明治時代初期に渡来。本種はシンジュサンという蛾の幼虫が好む食草なので、養蚕のために各地に植えられた。生長が速く、環境が悪くてもよく生育するので、庭木や街路樹、公園樹としても植えられたが、全国各地で野生化して問題になっている。巨大な羽状複葉が特徴で、小葉は6〜16対、大きい複葉は長さ1mにも達する。和名は英名の「Tree of Heaven」を訳したもので、Heavenの和訳はここでは天国ではなく神となる。別名は葉がウルシに似ていて、庭に植えられる木ということから名づけられたが、ウルシ科とは別の仲間だし、かぶれることもない。しかし、庭木には不向きである。

樹皮
縦に浅く裂け、しわ状の皮目がある。

かいでみよう

鋸歯の裏に腺点があり、葉に触ると、ごまのような独特の香りがする。

基部近くに突起のように見える鋸歯が1〜2つある。

裏

樹形	葉
まっすぐ伸び、枝葉を傘状に広げた樹形になる。	 葉は枝先に集まって伸びる。

羽状 / 全縁 / 落葉 / 互生

小葉は細長い卵形で、葉先は細長く伸びる。

40%

普通6〜16対で、大きいものでは1mにも達する。

表

277

ハゼノキ

ろうを採取する木。

【黄櫨・櫨木】 *Toxicodendron succedaneum* ウルシ科ウルシ属　別名:ロウノキ(蝋木)

樹高： 低木　小高木　高木　4〜10m　花期→果期： 1 2 3 4 5 6 7 8 9 10 11 12
分布：関東地方南部〜沖縄

50%

小葉は4〜8対。
葉先は細長く伸びる。

肉厚でやや堅く、
光沢がある。

表

両面とも
毛はない。

樹皮

縦に裂ける。この点も確認すれば、ムクロジと見間違えることはない。

果実

ろうを採取し、ろうそくを作った。

　沿海地などの山野に生え、庭木や公園樹として植えられる。本種は果実からろうを採取するために古くから栽培され、和ろうそく作りなどに利用されてきた。秋に真っ赤に紅葉して美しいが、ウルシ科の樹木なので樹液に触るとかぶれるから注意しよう。本種の小葉は全縁で幅が狭く、葉先が細長く伸びてムクロジ(274ページ)に似るが、ムクロジが複葉の先端に小葉がない偶数羽状複葉なのに対し、本種は先端に小葉がある奇数羽状複葉なので見わけられる。葉に毛がないという点で、同科同属のヤマハゼやヤマウルシ(右ページ)とも見わけられる。

ヤマウルシ

カエデよりも美しく色づく木。

【山漆】 *Toxicodendron trichocarpum* ウルシ科ウルシ属

樹高：低木 / 小高木 / 高木　3〜8m　花期→果期：1 2 3 4 **5 6** 7 8 **9 10** 11 12
分布：北海道〜九州

羽状 / 全縁 / 落葉 / 互生

- 葉先が細長く伸びる。
- 側脈がはっきりしている。
- 小葉は卵形で、普通4〜8対。
- 葉や葉柄、葉軸に毛がある。
- [幼木] 大きな鋸歯が出る。

丘陵から山地に生える。樹液にふれるとかぶれるウルシ科の木だが、漆器の塗料にする漆を採取するのは本種ではなく同科同属で中国原産のウルシである。果実からろうが採取できるが、ハゼノキほど採れないので、利用されることはまれ。ウルシのほか、同属のハゼノキ（左ページ）やヤマハゼに似るが、本種は小葉の幅が広く、側脈がはっきりしている点で識別できる。幼木の小葉には大きな鋸歯がある。秋の紅葉は鮮やかな朱色で、カエデ類に勝るとも劣らない美しさがある。

紅葉 鮮やかな朱色が山野を美しく彩る。

樹皮 灰白色で縦にすじが入る。

果実 ろうが採れるが、ハゼノキほど多量には採れない。

ニセアカシア

アカシアでもエンジュでもない木。

【偽アカシア】 *Robinia pseudoacacia*　マメ科ハリエンジュ属　別名：ハリエンジュ(針槐)

樹高： 低木 / 小高木 / **高木**　15m前後　　花期→果期：5 6 10
分布：北米原産

60%

葉先がわずかに
くぼみ、とがらない。

小葉は丸みの
強いだ円形で薄い。

表

北米原産で明治時代初期に渡来。やせた土地でもよく育ち、生長も速いので、砂防や早期緑化の目的で植えられ、公園樹や街路樹にもされるが、各地で野生化し、在来の植生をかく乱する外来植物として問題になっている。代表的な蜜源植物の一つであり、花にはハチの仲間がよく訪れる。養蜂に利用され、アカシアのはちみつと称して販売されるが、アカシア属とは別の仲間である。葉がエンジュ(右ページ)に似るが別の仲間で、エンジュの小葉は葉先がとがるのに対し、本種はくぼむ。エンジュにはとげがないが、本種は葉の基部の枝に一対のとげがあり、別名の由来となっている。

白い花が木全体を飾り、美しい。

樹皮

縦に深く裂け、コナラにも似るが、枝のとげや葉を確認すれば見間違えることはない。

葉の基部の枝に
一対のとげがある。

花

花が満開のニセアカシアとエナガの幼鳥。本種は代表的な蜜源植物で、花からはちみつが採れる。「アカシアのはちみつ」として販売されるが、本来のアカシアは別の仲間。

エンジュ

くびれる豆。

【槐】 *Sophora japonica* マメ科エンジュ属

樹高：低木／小高木／**高木** 15m前後　花期→果期：1 2 3 4 5 6 **7 8 9 10 11** 12
分布：中国原産

羽状／全縁／落葉／互生

80%

葉先はとがる。

小葉は小さな卵形で、普通4〜7対。

表

中国原産の落葉高木で、古くから街路樹や公園樹として植えられる。ハリエンジュの別名をもつニセアカシア（左ページ）に似るが、小葉の葉先はとがり、枝にとげはない。ニセアカシアが春に開花するのに対し、本種の花期は初夏から夏にかけてである。花とつぼみからはルチンという成分が採れ、薬用に利用される。マメ科らしい果実は、種子と種子の間が大きくくびれ、アクセサリーのようで特徴的。中国では縁起のよい木とされる。

樹形
花期は7〜8月頃。花は薬効のある成分、ルチンを含む。

樹皮
縦に裂けるが、ニセアカシアよりも浅く細く裂ける。

果実
種子と種子の間が大きくくびれる。

フジ

左巻き？右巻き？

【藤】 *Wisteria floribunda* マメ科フジ属 別名：ノダフジ

樹高： 低木 小高木 高木 つる性
分布：本州〜九州

花期→果期： 1 2 3 4 **5** 6 7 8 9 **10 11 12**

60%

小葉は長だ円形で、ふちが波打つ。

葉先はとがる。

身近な山野にごく普通に生え、高木に巻きついて登るつる性の木。花を観賞するために公園などで藤棚にされる。つるは左上に巻くS字形。つる性で羽状複葉の木は少ないので、身の回りで見かけたら、まずフジ類だと考えてよい。小葉は葉先がとがり、よく波打つ。葉柄の基部が膨らむのも特徴である。西日本に多い同属のヤマフジは花の穂が短く、つるは右上に巻くZ字形なのが本種と異なる。両種ともつるは、かご編みやリース作りに使われる。

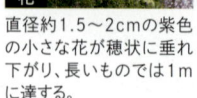

表

葉柄の基部が膨らむ。

花
直径約1.5〜2cmの紫色の小さな花が穂状に垂れ下がり、長いものでは1mに達する。

自生では、藤棚のつるからは想像できないほど太くなる。

左巻き右巻きの話

つるは左上に巻くが、これを上から見ると右巻きになることから異論もあり、混乱している。見る位置を変えれば逆巻きになるわけで、本種の場合、下から見ると左巻き、上から見ると右巻き、どちらも正しいことになる。

ネムノキ

夜眠る木。

【合歓木】 *Albizia julibrissin* マメ科ネムノキ属　別名：ゴウカン（合歓）

樹高： 高木　10m前後　花期→果期：6 7 10 11 12
分布：本州〜九州

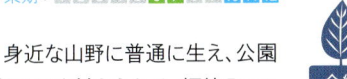

羽状／全縁／落葉／互生

50%

先端に葉がつかない、2回偶数羽状複葉。

表

身近な山野に普通に生え、公園樹としても植えられる。幅約5mm、長さ1〜1.7cmの小葉が対生に15〜30対ほどついた葉の集まり（羽片）が、さらに羽状に6〜10対ほどついた、2回偶数羽状複葉が独特で、直感的に見わけられる。暗くなると小葉が閉じて垂れ下がり、まるで眠っているように見える。これが和名の由来で、就眠運動（しゅうみんうんどう）と呼ばれ、本種と同じマメ科の植物でよく見られる生態である。初夏に、ポンポンのような形で淡紅色の花が枝先に多数咲き、目立つ。かつては葉を干して粉末状にし、抹香として利用した。

樹皮：灰褐色で皮目が目立つ。

花：淡紅色で、花の外まで雄しべが突き出て目立つ、ポンポンのような形。

小さな小葉が15〜30対ついた羽片が、6〜10対ほどつく。

🔍 見てみよう

植物には脳がないので、本当に眠っているわけではない。夜間の放射冷却による水分の蒸散を抑えるために葉を閉じるという仮説があるが、未だ正確な理由はわかっていない。

ヒイラギナンテン

ヒイラギでもナンテンでもない。

【柊南天】*Berberis japonica* メギ科メギ属 別名：トウナンテン

樹高：低木 小高木 高木 1〜3m　花期→果期：1 2 3 4 5 6 7 8 9 10 11 12
分布：中国原産

　中国原産の常緑低木で、庭木や公園樹として植えられ、植え込みにされる。ヒイラギ（112ページ）のように葉に先端が針状の粗い鋸歯があるが、ナンテン（286ページ）に似るかというと、ナンテンの複葉は3回奇数羽状複葉だが、本種は単純な奇数羽状複葉であり、葉のつき方がまるで異なる。ナンテンは常緑樹ながら冬に紅葉することがあり、本種も同じ性質があるのがナンテンと名づけられた理由である。早春に穂状の黄色い花が咲き、甘い芳香がする。花には昆虫などに花粉を運んでもらうための仕組みが備わり、ユニークである。

70%

ナンテンという名がつくが、葉は3回羽状複葉ではない。

小葉にはヒイラギのようにとげがあるが、単葉ではない。

表

小葉は普通5〜10対で、柄はない。

樹形

羽状複葉は放射状につく。

❗ やってみよう

花に昆虫が入ると、雄しべが内側に動いて、昆虫の体に花粉をつける。花の中に棒状のものを入れてみよう。同じように雄しべが動くのがわかる。

つながっている生き物

花にくるのは昆虫だけではない。メジロが蜜をなめにくることもある。メジロはメジロ科で全長11.5cm。ツバキやウメなど花の蜜を好む。

羽状

鋸歯

常緑

互生

常緑だが、冬に紅葉することがある。

ナンテン

せきとのどに効く、赤い果実。

【南天】 *Nandina domestica* メギ科ナンテン属

樹高： 低木 小高木 高木 2～3m
分布：関東地方～九州

花期→果期： 1 2 3 4 5 6 7 8 9 10 11 12

原寸大

10%

[1枚の葉の全形]
三出複葉が3回繰り返し生え、羽状になった3回三出複葉の形。

温暖な地域の山野に生えるが、自生かどうかは議論が分かれ、帰化種ともいわれる。ナンテンの名は響きが「難を転じる」ということで縁起が良い木とされ、庭木や公園樹として植えられ、正月の飾りにも使われる。秋に熟す赤い果実は、せきやのどの痛みに効く「南天実(なんてんじつ)」という生薬となり、樹皮や葉も薬用として使われる。葉は3回三出複葉（3回奇数羽状複葉）で、1枚の葉は50cmにもなり、常緑だが冬に紅葉することがあるのが特徴。

表

花
円すい形に伸び、白花が多数咲く。

果実
赤い果実は観賞用にもよいが、せきやのどに効く生薬になる。のど飴が有名。

小葉は細長いひし形で、葉先はとがり、とげのような突起状。

常緑だが、冬に紅葉することがある。

アカシア類

マメ科アカシア属
Acacia spp.

ミモザと呼び親しまれる、本物のアカシア。

羽状／全縁／常緑／互生

和名の通り、小葉は銀色っぽい。2回偶数羽状複葉。

2回偶数羽状複葉で、ギンヨウアカシアより長め。

小葉は約5mmで1つの羽片に30〜40対。1つの葉に羽片は10〜20対。

小葉は約5mmで1つの羽片に8〜25対。1つの葉に羽片は3〜5対。

羽片の基部にいぼ状の蜜腺がある。

羽片の基部にいぼ状の蜜腺がある。

ギンヨウアカシア

【銀葉アカシア】 *Acacia baileyana*
マメ科アカシア属

樹高：低木 小高木 高木 5〜10m
花期→果期：1 2 3 4 5 6 7 8 9 10 11 12
分布：オーストラリア原産

　オーストラリア南東部原産の常緑小高木。ガーデニングブームで、庭木として見かける機会が増えた。銀色っぽい小葉からなる偶数羽状複葉がらせん状につき、遠くから見ると青白く見える。花期は早春の梅や桜が咲く頃で、黄金色の花が集まって球形になった花が、さらに房状になって、木全体を覆う。

フサアカシア

【房アカシア】 *Acacia dealbata*
マメ科アカシア属

樹高：低木 小高木 高木 10m前後
花期→果期：1 2 3 4 5 6 7 8 9 10 11 12
分布：オーストラリア原産

　オーストラリア南東部およびタスマニア島原産の高木。暖かい地域で庭木や公園樹として植えられる。「アカシアのはちみつ」として売られているのはアカシア属ではなくニセアカシア（280ページ）から作られたもの。本種もギンヨウアカシアも、葉軸の羽片の基部にいぼ状の蜜腺が並ぶのが特徴。

シマトネリコ

南国のトネリコは羽状複葉の常緑樹。

【島梣】 *Fraxinus griffithii* モクセイ科トネリコ属　別名：タイワンシオジ

樹高： 低木 | 小高木 | **高木** 5〜12m　花期→果実：1 2 3 4 **5 6** 7 **8 9** 10 11 12
分布：沖縄

　沖縄、中国〜インド原産の常緑高木で、関東地方以西で街路樹や公園樹として植えられる。羽状複葉の常緑高木は日本産樹木では本種くらいで、和名のシマは自生地の沖縄を意味する。同じトネリコ属のヤチダモ（268ページ）、アオダモ（270ページ）、マルバアオダモ（271ページ）に似るが、本種は常緑なので葉が厚くて光沢があり、見間違えることはない。むしろ小葉の形がネズミモチ類（164ページ）に似て見え、花も似ているので、とくに花期は見間違えやすいが、冷静に観察して単葉と複葉の違いを見わけよう。果実は他のトネリコ属と同じように、翼がついて細長いものが束になってぶら下がり、熟して落ちるとくるくると回転して風に乗る。本種は亜熱帯から熱帯の樹木で、今までの関東では気候が合わなかったが、近年の気温の上昇によって、街路樹でも冬を越せるようになった。新しく建った家の庭やマンションの敷地によく植えられている。材は農器具の柄や建材として利用される。

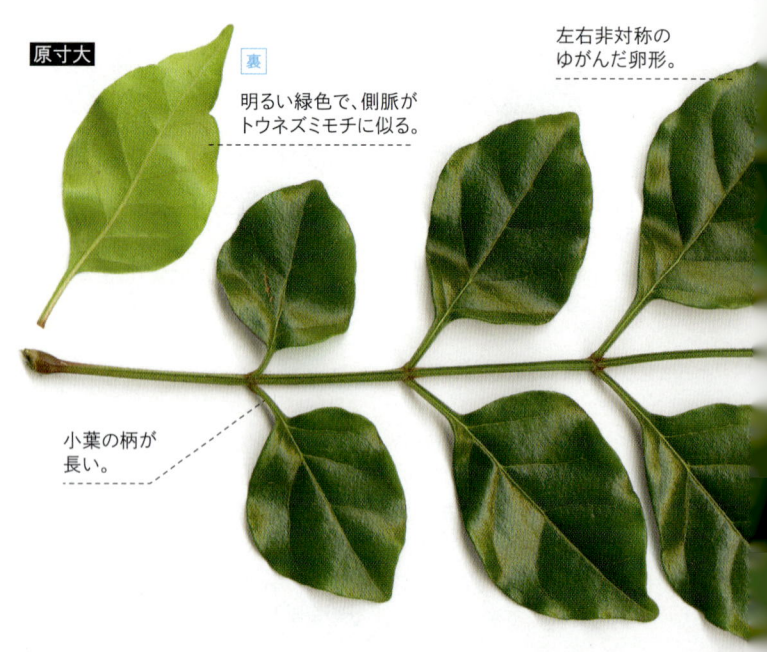

原寸大

裏

明るい緑色で、側脈がトウネズミモチに似る。

左右非対称のゆがんだ卵形。

小葉の柄が長い。

	羽状
	全縁
	常緑
	対生

樹皮
灰褐色でなめらか。円形の皮目が多く、ところどころはがれる。

樹形
羽状複葉の常緑高木は本種くらい。涼しげで人気がある。冬は多少落葉することもある。

花
白く小さな花が集まって円すい状の穂になり、ネズミモチ類に似る。

葉先は少し出るが鈍い。

表

ふちが波打つ。

肉厚で堅い質感。

イチョウ

身近な木は、生きている化石。

【銀杏】 *Ginkgo biloba* イチョウ科イチョウ属　別名：ギンキョウ

樹高： 低木 小高木 **高木** 25m以上　花期→果期： 1 2 3 **4 5** 6 7 8 9 **10 11** 12
分布：中国原産

80%

いずれも独特の形で、他種と見間違えることはない。

表 [不分裂葉]

[分裂葉・黄葉] 表

表 [分裂の多い葉・黄葉]

私たちになじみ深い木の一つ。日本の街路樹で最も多い樹木であり、公園や学校、社寺など全国各地に植えられているが、原産は中国である。イチョウの仲間はおよそ2億年前の中生代、ジュラ紀に繁栄したが、その後恐竜と共に絶滅し、本種はその中で唯一の生き残りといわれる。寿命が長い木で、大木では高さ30mにもなる。国内に渡来した時期ははっきりしないが、全国には樹齢800〜1000年といわれる大イチョウが存在する。本種は広葉樹でも針葉樹でもない特殊な木で、おうぎ形の葉が個性的なので見わけられるが、切れ込みがない葉や切れ込みがひとつの葉、複数切れ込む葉など、葉には変異があり、まれにラッパ形の葉や、実がついた葉も生える。本種の種子である銀杏（ぎんなん）を拾う人々の姿が秋の風物詩だが、外側の皮は犬のフンのような悪臭がする。掃除が大変なこともあり、街路樹として雌木は敬遠され、雄木が植えられることが多い。

特殊
落葉
互生

樹形
全国の街路樹で最も多い樹種。秋に美しく黄葉すると、銀杏を拾う人、写真を撮る人で賑わう。太古には黄葉したイチョウと恐竜が同じ空間に存在したのだろうか。

果実
銀杏は秋の味覚の代表で美味しいが、大量に食べると中毒を起こし、死に至ることもあるので食べ過ぎには注意。

見てみよう
本種の中国名は「鴨脚樹（ヤーチャオ）」で、扇形の葉の形が鴨の脚に似ていることに由来する。これがなまって「イチョウ」になったのが和名の由来といわれる。歩いているカモの脚をイチョウの葉に見立てて観察してみよう。

触ってみよう
樹皮はコルク質を形成し、縦に大きく裂ける。押すと弾力がある。

メタセコイア

生きている化石は対生。

Metasequoia glyptostroboides　ヒノキ科メタセコイア属　別名：アケボノスギ（曙杉）

樹高：低木 小高木 **高木** 25m以上　花期→果期：1 2 3 4 5 6 7 8 9 10 11 12
分布：中国原産

原寸大

明るい緑色で質感は柔らかい。

表

中国原産で、各地で公園樹や街路樹として植えられる。イチョウ（290ページ）と同じように「生きている化石」として有名で、国内で化石として発見され、数千年前の白亜紀〜古第三紀に栄え、のちに絶滅したメタセコイア属の一種として1941年に発表された。その数年後、中国西部の揚子江支流の山村で自生している個体が発見され「生きている化石」として発表されて有名になった。本種の葉は側枝という、葉軸のような枝に細長い葉が対生する。葉はカヤやイヌガヤ（298〜299ページ）に似るが、本種の葉は明るい緑色で柔らかい質感なので、見わけることができる。本種は針葉樹では少数派の落葉樹で、秋に赤褐色に紅葉し、側枝ごと落葉する。

樹形　生長が速く、すらっとした樹形で、高さ25m以上になる。

樹皮　縦すじがあり、凹凸が大きいのが目立つ

葉は側枝ごと落葉する。

小葉ではなく1枚の葉。長さは2〜3cm。側枝に対生し、側枝自体も対生する。

果実　やや長い球形で、秋に熟すと、すき間から種子がこぼれる。

ラクウショウ

松じゃないのに落羽松。

【落羽松】 *Taxodium distichum* ヒノキ科ヌマスギ属　別名：ヌマスギ（沼杉）

針状（羽）

樹高：低木／小高木／**高木** 20m以上　花期→果期：1 2 3 **4** 5 6 7 8 9 **10 11** 12
分布：北米原産

落葉

原寸大

質感は柔らかい。

表

葉は側枝ごと落葉する。

北米原産で公園樹などとして植えられる。ヌマスギの別名通り、湿地などの水辺の環境を好み、しばしば気根と呼ばれる、呼吸を補助するための根を地上に出す。気根がたくさん出ると、おとぎ話のような景観で幻想的である。葉はメタセコイア（左ページ）に似ているが、葉の長さは短く、互生する点で見わけられる。メタセコイアと同じ落葉針葉樹で、鳥の羽のような葉が（秋に紅葉して）落葉するのが和名（落羽松）の由来だが、本種はマツの仲間ではなくスギに近い仲間である。

樹形
やや円柱形の樹形で、高さ20m以上になる。

樹皮
縦にすじが入り、凹凸が目立つ。

小葉ではなく1枚の葉。長さ1〜2cmでメタセコイアより短い。側枝に互生し、側枝自体も互生する。

人の腕や動物、妖怪のように見えることもあり、幻想的。

気根

カラマツ

黄葉し、落葉する松。

【唐松】 *Larix kaempferi* マツ科カラマツ属　別名：ラクヨウショウ（落葉松）

樹高： 低木　小高木　高木　20m以上　花期→果期： 1 2 3 4 5 6 7 8 9 10 11 12
分布：東北地方南部〜中部地方

90%

長さ2〜3cmで、柔らかい。

長い枝では葉がらせん状に生える。

短い枝では20〜30枚の葉が束になって生える。

冷涼な山地に自生し、山地に植林され、防風林として植えられる。スギ（306ページ）やヒノキ（308ページ）と並び、全国に植林され、人工林を形成している樹木の一つ。すらっとした樹形になる。日本産の針葉樹で唯一落葉するのが特徴で、別名の由来。春の新緑と秋の黄葉が美しい。葉は長さ2〜3cmで柔らかく、短い枝では束になって生え、長い枝ではらせん状に生える特徴があって、独特の枝ぶりになる。葉の様子が、唐絵（昔、中国で描かれた絵あるいは中国を描いた日本の絵）に描かれた松に似ていたのが和名の由来といわれる。

樹皮
縦に細かく裂け、はがれる。

黄葉
黄金色に美しく色づく。植林の多い北海道や長野県では秋の代表的風景の一つ。

果実
果実は松かさ状で直径約2cmと小さい。良く見かけるアカマツの松ぼっくりを小さくしたようで、かわいらしい。

葉を落としたカラマツの防風林は、冬の北海道を代表する風景の一つ。自然林も良いが、人の営みによって作られた木の景観も良いものだ。

モミ

クリスマスツリーに使われる、とは限らない木。

【樅】 *Abies firma* マツ科モミ属

樹高: 低木 小高木 **高木** 25m以上　花期→果期: 1 2 3 4 **5** 6 7 8 9 **10** 11 12
分布: 本州～九州

90%

表
裏

枝に短い毛がある。

葉裏に淡く白い気孔帯がある。

若木では葉先が二股に分かれ、とがる。

　山地の尾根などに生え、時に庭木や公園樹として植えられるが、都市部では生育がよくない。「もみの木」といえばクリスマスツリーをイメージするが、俗にいう「もみの木」は総称であって本種だけを指しているわけではない。実際にクリスマスツリーで使われる木にはドイツトウヒ、ウラジロモミなどいろいろあり、本種もその中の一種に過ぎない。針状葉が羽状につく木を見わけるのは難しいが、マツ科は枝が茶色で、イチイ科やイヌガヤ科（298-299ページ）は緑という点で大きく分けられる。マツ科の中で本種は、若木では葉先が二股に分かれてとがり、枝に短い毛があり、葉裏の気孔帯（きこうたい）が淡いという特徴がある。よく似たウラジロモミは枝に毛がなく、その名の通り、葉裏の気孔帯が白く目立つ。

樹形
若木は整った円すい形の樹形が美しい。高さ30mにもなるが、寿命は200年ほど。クリスマスツリーに使われるのは本種だけではない。

樹皮
灰白色で生長とともに網目状に裂ける。

ウラジロモミ

【裏白樅】 *Abies homolepis*
マツ科モミ属

樹高：低木 小高木 **高木** 20m以上
花期→果期：1 2 3 4 5 **6** 7 8 9 **10 11** 12
分布：東北地方南部～四国

針状(羽)

常緑

葉裏の気孔帯が白く目立つ。枝は無毛。

60%

　モミよりも分布する標高が高い。若木の葉先の二股はモミより小さめで、枝は無毛で、葉裏の気孔帯が白く目立つ。トウヒ属は葉枕が発達し、ツガ属は葉柄が明瞭なのが違う。同属のシラビソやオオシラビソは葉が枝からやや上方に伸びる。

葉先が二股に分かれてとがるが、モミよりも小さい。

基部に葉柄がある。

70%

葉先がわずかにくぼむ。

モミ属に比べ、葉は短い。

ドイツトウヒ

【ドイツ唐檜】 *Picea abies*
マツ科トウヒ属　別名：オウシュウトウヒ

樹高：低木 小高木 **高木** 25m以上
花期→果期：1 2 3 4 **5 6** 7 8 9 **10** 11 12
分布：ヨーロッパ原産

　ヨーロッパ原産で明治時代に渡来。庭木や公園樹として植えられ、クリスマスツリーとしてよく使われる。葉は扁平ではなく、断面がひし形になる形で、葉先は1本でとがり、基部は葉枕が発達する。枝は赤茶色が目立つ。球果は大形。

ツガ

【栂】 *Tsuga sieboldii*
マツ科ツガ属　別名：トガ

樹高：低木 小高木 **高木** 20m以上
花期→果期：1 2 3 **4 5 6** 7 8 9 **10** 11 12
分布：東北地方南部～九州

　モミよりも葉が短く葉先はわずかにくぼむ。葉柄があり、葉の表面は黄みがかり、球果は小さい。コメツガは1年目の枝に短い毛があるが本種は無毛で、2年目の枝では本種の葉が葉柄に対して直角に曲がり、コメツガはあまり曲がらない。

扁平ではなく、断面がひし形になる形。葉先は1本でとがる。

葉枕が発達する。

70%

枝は赤茶色。

カヤ

グレープフルーツの香り。

【榧】 *Torreya nucifera* イチイ科カヤ属　別名：ホンガヤ

樹高： 低木　小高木　**高木**　10〜20m　花期→果期： 1 2 3 4 **5** 6 7 8 **9** 10 11 12
分布：東北地方南部〜九州

触ってみよう

葉先は針状で鋭く、触ると痛い。

原寸大

表
裏

葉は長さ約2cmでイヌガヤより短い。

細い気孔帯（きこうたい）がある。

枝は緑色で、イチイとイヌガヤも同様。

かいでみよう

葉をちぎるとグレープフルーツのような香りがする。

樹形
生長は遅いが寿命は長く、樹齢数百年といわれる大木もある。

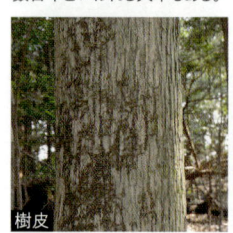

樹皮
縦に浅く裂け、生長するとはがれる。

食べてみよう

種子は脂肪が豊富。煎って食べるとアーモンドのようで美味しい。

　山地に生える常緑高木で、庭木や公園樹として植えられる。針状の葉が羽状に並び、枝が緑色だったら軽く握ってみよう。痛ければ本種で、葉をちぎるとグレープフルーツのような柑橘類の芳香がするはずである。イヌガヤやイチイ（ともに右ページ）も枝が緑色という点で、同じように針状の葉が羽状につくマツ科の樹木と区別することができるが、両種とも葉先は本種のように鋭くとがらないので、触っても痛くないし芳香もない。本種の種子からは油が採れ、食用や灯火用にされた。現在でも高級天ぷら油として使っている飲食店がある。種子は煎って食べてもおいしい。淡黄色の材は高級な碁盤・将棋盤の材料として珍重される。

イヌガヤ

葉に触っても痛くない。

針状(羽)

【犬榧】 *Cephalotaxus harringtonia* イヌガヤ科イヌガヤ属 別名：ヘダマ・ヒノキダマ

樹高： 低木 **小高木** 高木 5m前後　花期→果期： 1 2 **3 4** 5 6 7 8 **9 10** 11 12
分布：北海道〜九州

50%

長さ3〜5cmで
カヤより長い。

表
裏

常緑

山地に生える、カヤに似た小高木。枝がまばらで、まとまりのない樹形になる。葉はカヤより長く、葉裏の白い気孔帯が太くて目立つ。葉に触ってもカヤのように痛くないし、芳香もない。カヤほど有用性がないのが和名の由来で、種子は食用に向かず、材はほとんど使い道がない。

葉先は短い針状だが、柔らかいので触っても痛くない。

裏は2本の太い気孔帯が目立つ。

長さ約2cmで
カヤと同じくらい。

緑色が濃く、気孔帯は目立たない。

イチイ

50%

【一位】 *Taxus cuspidata*
イチイ科イチイ属　別名：オンコ

樹高： 低木 小高木 **高木** 20m前後　花期→果期： 1 2 **3 4 5** 6 7 8 **9 10 11** 12
分布：北海道〜九州

表　裏

他の2種より柔らかい。

葉はきれいに平面にならず、上下に不揃いにつく。

冷涼な山地に自生し、寒冷地では庭木や公園樹として植えられる。カヤやイヌガヤと同じように枝が緑で、葉は柔らかく、きれいな平面にならずに上下に乱れて並ぶのが特徴で、らせん状につく。秋に熟す実の外側の赤い皮の部分は食用になり甘く、果実酒にもするが、中の種子は有毒なので注意。古くは笏（しゃく）の材として使われたため、位階の正一位、従一位から名づけられた。

食べてみよう

種子は有毒だが、外側の赤い皮の部分は食べられ、甘くておいしい。ヤマガラは中の種子を食べても平気なようで、次々に実を運んでは皮をむいて種子を食べる。

コウヤマキ

世界三大庭園樹の一つ。

【高野槙】 *Sciadopitys verticillata*　コウヤマキ科コウヤマキ属　別名：ホンマキ(本槙)

樹高：低木／小高木／**高木** 20m以上　花期→果期：10 11
分布：東北地方南部〜九州

50%

長さは6〜13cm、幅は3〜4mm。

葉先は少しくぼむ。

表
中央に縦に走る溝がある。

裏

山地の岩場などにまれに生える日本固有種で、大木では高さ30mにもなる。樹形が整って美しいので、ヒマラヤスギ(304ページ)、ナンヨウスギとともに世界三大庭園樹に数えられる。やや幅が太い独特の針状葉は2枚が合着したもので、中央には溝があり、葉先は少しくぼみ、枝先に束状に集まってつく。材は上質で芳香があり、防湿性にも優れるので高級な風呂や桶などに使われる。樹皮は「槙皮(まきはだ)」と呼ばれ、ほぐして木船や桶のすき間などに詰め、水漏れ防止用に使う。和歌山県の高野山に多いのが和名の由来で、同地では本種を仏前に供える習慣がある。

樹形
幹はまっすぐ伸び、狭い円すい形の美しい樹形になる。三大庭園樹の一つ。

イヌマキ

針状葉らしくない針状葉。

【犬槙】 *Podocarpus macrophyllus* マキ科イヌマキ属　別名：マキ（槙）

樹高：高木 20m前後
花期→果期：5・6　10・11・12
分布：関東地方〜沖縄

針状(束)

70%

葉先はとがる。

深緑色で、幅は5〜10mm、長さは10〜15cmの広線形。

表

常緑

裏
淡緑色で主脈が目立つ。

束になってつく。

　温暖な地域の海岸に近い山地に生え、庭木や植え込みにされる。幅が広く、針状葉らしくない葉が特徴で、ナギ（167ページ）と同じように針葉樹としては異色の存在である。和名の由来は、かつてスギ（306ページ）を「真木」と呼び、本種はそれより劣るからとも、あるいはコウヤマキ（左ページ）より本種が劣るからともいわれるが、本種は耐朽性があり、シロアリに強い特性があるので、沖縄では建材として珍重される。いびつな形で2段重ねのカラフルな団子のような種子の、根元のほうは食べることができて甘い。本種より全体に小形のラカンマキという変種があり、よく庭木にされる。

樹形
幹は直立するが、ややねじれ、不規則な卵形の樹形になる。

果実
二段重ねの変わった形。赤い部分は食べることができる。

クロマツ

海の松は樹皮が黒い男松。

【黒松】 *Pinus thunbergii* マツ科マツ属　別名：オマツ、オトコマツ（雄松、男松）

樹高：低木 小高木 **高木** 25m前後　花期→果期：1 2 3 4 **5** 6 7 8 9 **10 11** 12（翌々年）
分布：本州～九州

原寸大

堅くて、触ると痛い。

通常10～15cmでアカマツより長く、太い。

冬芽は白い。

2本ずつ束になる。

　海岸近くの砂浜や岩の上などに生え、潮風や大気汚染に強く、庭木や公園樹、街路樹として植えられる。樹皮の色が黒っぽいのが和名の由来で、葉はアカマツと比べて太く堅く、触ると痛い。本種は、樹皮が赤みを帯び、葉が柔らかいアカマツ（右ページ）の別名「雌松（めまつ）」「女松（おんなまつ）」と対比させて「雄松（おまつ）」「男松（おとこまつ）」の別名をつけられた。本種やアカマツは葉が2本ずつ束になるのが特徴だが、同属の他種では3本か5本ずつ束になるものが多い。樹皮は老木になると亀甲状に裂ける。戦時中にガソリンが不足した際には松根油（しょうこんゆ）を採取するため、アカマツとともに各地で伐採された。

名所になっているような海岸沿いの有名な松林はクロマツ林である。

樹皮

黒っぽい。老木になると亀甲状に裂け、はがれる。裂け目はアカマツよりも深い。

松ぼっくり

アカマツは開花の翌年の秋に熟すが、本種は開花から2年かかって熟す。

アカマツ

山の松は樹皮が赤い女松。

【赤松】*Pinus densiflora* マツ科マツ属 別名：メマツ、オンナマツ（雌松、女松）

針状(束)

樹高：高木 5〜30m　花期→果期：4・5／10・11（翌年）
分布：北海道南部〜九州

常緑

原寸大

柔らかく、触っても痛くない。

通常7〜12cmでクロマツより短い。

冬芽も赤みを帯びた茶色。

2本ずつ束になる。

樹形
若木は円すい形だが、最上部の枝が折れることが多く、脇の枝が交代して生長し、結果的に曲がりくねった樹形になることが多い。

樹皮
赤みを帯びるのが最大の特徴。老木では亀甲状に裂けてはがれるが、裂け目はクロマツよりもやや浅い。

松ぼっくり
開花翌年の秋に熟し、閉じていた松かさが開き、中の種子を散布する。

　山地の尾根などに普通に生える代表的なマツの仲間。庭木や公園樹として植えられる。樹皮が赤みを帯びるのが和名の由来で、冬芽も赤茶色である。この色や葉の柔らかさから女性をイメージし、クロマツ（左ページ）と対比させる形で「雌松」「女松」の別名がつけられた。老木になると、樹皮は亀甲状にはがれてクロマツに似て見えるが、木の上部を見ると赤いので本種だとわかる。アカマツ林はマツタケが出ることで有名だが、マツタケはやせた土地（貧栄養環境）を好むので、維持するためには落ち葉かきなどの管理が不可欠である。粘りのある材が建材として使われるほか、燃料として火力が強いので、炭や薪が鍛冶や焼き物などに使われる。

ヒマラヤスギ

樹形が美しく雄大な木。

【ヒマラヤ杉】 *Cedrus deodara* マツ科ヒマラヤスギ属 別名:ヒマラヤシーダー

樹高: 低木 小高木 **高木** 20m以上
花期→果期: 1 2 3 4 5 6 7 8 9 **10 11** 12 (翌年)
分布:ヒマラヤ～アフガニスタン原産

原寸大

長さは約4cmで銀緑色。

ヒマラヤ西部からアフガニスタン原産で、明治時代初期に渡来した。生長が速く、見事な三角を描く円すい形の樹形が美しいので、公園樹として植えられ、学校の校庭にもよく植えられている。コウヤマキ（300ページ）、ナンヨウスギとともに世界三大庭園樹に数えられる。スギ（306ページ）の名がついているので、誤ってスギの仲間だと認識されていることが少なくないが、マツの仲間であり、樹皮や葉をみれば見わけられる。枝先が垂れ下がるのも本種の特徴。

同属のレバノンスギは、その名の通りレバノン原産で、同国の国旗のデザインにも使われている。材の有用性が高く、古代より造船などのために伐採されてきたため、現在では自生地がわずかになり、絶滅が危惧されている。まれに公園や植物園に植えられる。

堅く、触ると痛い。

短い枝にまとまってつく。

レバノンスギ

【レバノン杉】 *Cedrus libani*
マツ科ヒマラヤスギ属 別名:レバノンシーダー

樹高: 低木 小高木 **高木** 20m以上
花期→果期: 1 2 3 4 5 6 7 8 9 **10 11** 12 (翌年)
分布:レバノン・シリア原産

長さは約1.5～3.5cmでヒマラヤスギより短い。

原寸大

ゴヨウマツ

【五葉松】 *Pinus parviflora*
マツ科マツ属　別名：ヒメコマツ（姫小松）

針状（束）

樹高：低木　小高木　**高木**　20m前後
花期→果期：1 2 3 4 **5 6** 7 8 9 **10** 11 12
分布：北海道～九州

　深山の尾根や岩の上などに自生し、庭木や盆栽にされる。葉が5本ずつ束になってつくのが和名の由来で、亜高山帯に生えるチョウセンゴヨウや高山帯のハイマツも同様の特徴があり、2本ずつ束になるクロマツやアカマツ（302～303ページ）とは異なる。生長が遅く、若木でも風格のある樹形なので盆栽に珍重され「盆栽の王者」ともいわれる。

常緑

樹形
樹形は美しい円すい形になる。世界三大庭園樹に数えられるのも納得できる。

球果
球果（きゅうか）は大きな卵形で6～13cm。翌年の秋に熟す。

原寸大

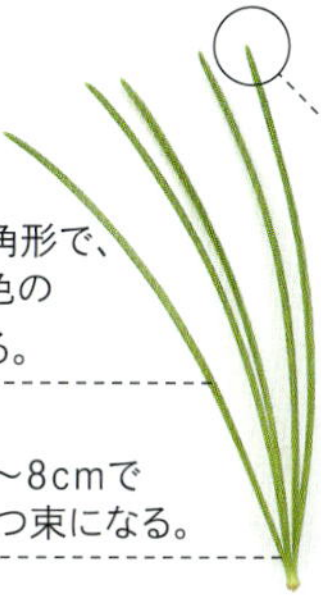

柔らかく、触っても痛くない。

横断面は三角形で、側面に白緑色の気孔帯（きこうたい）がある。

長さ4～8cmで5本ずつ束になる。

探してみよう

本種の根元を探すと、木製のバラのようなものが見つかることがある。これは本種の球果（きゅうか）がばらけた後に先端が残ったもので、俗に「シダー・ローズ（ヒマラヤスギ属のバラ）」という。木の根元を探してみよう。

樹形
庭木（左）ではせいぜい2～3mだが、深山の大木（右）は30mにもなる。

スギ

スギたるは及ばざるがごとし。

【杉】 *Cryptomeria japonica* ヒノキ科スギ属

樹高：低木 小高木 **高木** 25m以上　花期→果期：1 2 **3** 4 **5** 6 7 8 9 **10 11** 12
分布：本州～九州

原寸大

触ると痛い。

かま形の葉が小枝にらせん状につく。

樹皮

細く縦に裂ける。

日なたの葉は赤みを帯びることがある。

雄花から花粉が飛ぶ。

山地の尾根やブナ林などに生えるが自生は少なく、よく見かけるのは人工的な植林である。日本で最も多く植林されている木で、社寺や公園などにも植えられる。スギ花粉アレルギーで目の敵にされがちだが、我が国の林業上最も重要な樹種であり、建築材に広く使われるほか、神社の屋根をふいたり、日本酒の蔵元が杉玉にするなど、日本を代表する樹木の一つである。葉は約1cmの針状のかま形。小さな枝にらせん状につくのが特徴で、枯れると枝ごと落ちる。枝葉は球に近い形につき、全体として、もこもこした樹姿になる。幹が真っすぐ伸びるので「直木(すぎ)」と呼ばれ、なまったのが和名の由来。国内で最も長寿で大きくなる木で、樹齢1000年以上といわれるものも少なくない。近年、過剰に植林した人工林を伐採し、自然林に戻して生物多様性を豊かにする自然再生プロジェクトも展開されている。

針状(束)

常緑

国策として全国で過剰に植林されたが、価格競争力に勝る輸入材に負けて、利用されなくなり、全国で放置されている。他方、輸入材の過剰利用は国外での森林伐採問題につながっている。国内外の森林保全のために国産材の利用を促進することが必要。

国内に巨樹が多く、各地に立派な杉並木がある。

過剰な植林と放置は生物多様性を低下させている。人工林を皆伐し、自然林を復元して生物多様性を豊かにする自然再生プロジェクトが進められている。

探してみよう

スギ林ではキクイタダキのような小形の野鳥をよく見かける。チリリというかすかな声がしたら、姿を探してみよう。
キクイタダキ科で全長10cm。日本最小の鳥。

ヒノキ

古くから使われてきた高級建築材。

【檜・桧】 *Chamaecyparis obtusa* ヒノキ科ヒノキ属

樹高：低木 小高木 **高木** 25m以上　花期→果期：1 2 3 **4** 5 6 7 8 9 **10 11** 12
分布：東北地方南部〜九州

80%

うろこ状で葉先は丸くなり、とがらない。

表
裏

白い気孔帯がありYの字に見える。

うろこ1つが1枚の葉。

樹皮

縦に裂け、よくはがれる。はがれる樹皮の幅がスギやサワラより広い。

　山地の乾燥した場所に生えるが少ない。各地で植林され、スギ（306ページ）に次いで多く、庭木や公園樹として植えられる。材は香りがよく、耐朽性があって腐りにくいので、古くから建築材として広く使われている。「檜風呂」「檜舞台」「総檜造り」など高級な材の代名詞になっており、世界最古の木造建築であり世界遺産に登録されている法隆寺も本種の材が多用され、建立時は総檜造りだったという。葉はうろこ状で、裏に白い模様（気孔帯）があり、アルファベットのYの字に見える。同属で同じようにうろこ状の葉をもつサワラ（右ページ）は気孔帯がXもしくはHに見えるほか、葉先の違いで見わけることができる。縦に裂けてはがれる樹皮も見わけのポイントになる。かつて、この木で火を起こしたことから「火の木」と名づけられた。

かいでみよう

熟す前の果実を軽く削ると、ヒノキの良い香りがする。果実はサッカーボールのようで、熟すと開いて種子が出る。

サワラ

サワラないでエッチ！と覚える。

【椹】*Chamaecyparis pisifera* ヒノキ科ヒノキ属

樹高：高木 30m
分布：本州～九州
花期→果期：4月／10月

鱗状／常緑

70%

ヒノキよりも
やや薄く、
光沢がない。

触ってみよう

葉先はとがり、指で逆撫でするとひっかかる。

表／裏

白い気孔帯がありHの字に見える。

「サワラないでエッチ」と覚える

　山地の沢沿いに生え、公園樹としてときに植えられる。ヒノキ（左ページ）と同じようにうろこ状の葉だが、葉裏の気孔帯の模様が異なり、ヒノキがY字に見えるのに対し、本種はH字に見える。どちらがYかHか忘れがちなので、これを「サワラないでエッチ！」と覚えるとよい。ヒノキの葉先は丸みがあってとがらないが、本種はとがる。目視で確認するほか、指で葉先からつけ根側へなぞると引っかかることで本種と確認できる。このほか、ヒノキより樹冠が透けて見える、球果が小さい、裂けてはがれた樹皮が細いなどの点で、見わけることができる。材は柔らかく、ヒノキのように有用性がない。

樹皮

縦に裂けてはがれる。はがれた樹皮はヒノキより細く、スギに似ている。

Column

樹木と他の生き物のつながり

🌿 生態系を支える樹木

植物は太陽の光のエネルギーを吸収して自分の体をつくりだす。その体は動物たちの食糧となり、網の目のようにつながる生き物たちの暮らしを底辺で支えている。

役目を終えた落ち葉や枯れ枝も、無数のバクテリアや菌類、土壌動物に分解され、土となって大地を豊かに保ち、再利用される。こうして物質やエネルギーは循環し、生き物たちの生活は持続していく。すべての生き物の生活を支えているのが、植物という存在なのだ。

🌿 食う食われるの敵対関係

葉はさまざまな虫や動物に食べられる。植物は一方的に食われているようだが、じつは多種多様な防衛を凝らしている。トゲや粘液や剛毛は身を守る武器だ。大型の草食動物に対してトゲは有効だし、小さな虫にとって剛毛は地獄の針の山となる。

毒や苦みや渋み、乳液成分などは植物の化学兵器だ。動物の生理機能を阻害したり体内物質を変性させたりして身を守っている。

サクラ類のように葉に蜜腺をもつ植物は、甘い蜜でアリを呼ぶ。熱帯地方のアリ植物も、アリに植食昆虫を追い払わせているという。

森の香り、とかいうように、樹木はフィトンチッドと呼ぶにおい成分を空中に放出している。葉を虫に食われると、このかすかなにおいが変化する。肉食昆虫の中には微妙な変化を敏感に察知して、餌の草食昆虫を見つけ出すものもいる。

でも、植物は虫や動物や病原菌の攻撃を完璧には防衛しきれない。どの植物も穴だらけだ。植物が防衛をすれば、敵もそれを打ち破る進化をする。毒を分解したり耐性をもつようになったりし、植物の防衛を突破する。植物も、より強い毒を作ったりトゲを伸ばしたりして防衛を強化する。こうして際限なき競争が繰り広げられる。植物と化学成分の多様性は、果てしない軍拡競争の結果なのである。

🌿 花をめぐるおつきあい

花の形や色には意味がある。誰に来てほしいのかが形や色に現れている。

小さな花が平たく集まって咲くのは、不器用な甲虫やハナアブやハエに対するサービスだ。個別にみれば期待薄のお客だが、数で勝負。薄利多売のファミレスさながら、ごちそうの花粉や蜜は浅いお皿に見やすく盛り、間口を広くとって入店しやすく配慮する。ユニバーサルデザインの白やクリーム色や水色系の装飾も忘れずに。ミズキやアジサイが好例だ。

逆に花粉や蜜を花の奥深くに隠した花もある。花冠を釣鐘のように垂らしたり、トンネルの迷路を配置したりして、特定の客だけを約束のごちそうへと誘導する。こちらは路地裏の高級フレンチというわけだ。ドウダンツツジやハコネウツギの花に来るのはハナバチの仲間。頭が良くて勤勉で、身体能力が高く、花のリピーターとなって確実に花粉を運んでくれる。

多田 多恵子（理学博士・植物生態学）

鳥をターゲットとする花もある。ヤブツバキは赤いがっしりした花びらと豊富な蜜をもつ典型的な鳥媒花で、虫の少ない時期を選び、メジロやヒヨドリが蜜を吸いやすいよう横を向いて咲く。

食べてね、でもちょっとだけよ ～実の戦略～

鮮やかな実の色は、鳥向けの広告だ。鳥は赤に敏感なので、赤い実が一番多い。黒光りする実がそれに次ぐ。黒い実の中には白い粉を吹くものもあるが、こうした実は紫外線を吸収して紫外色が見える鳥には色がついて見えているらしい。

鳥専門の実は共通して一口サイズで、必ずしもおいしくない。鳥は丸のみするので、味がまずくても食べてくれるのだ。

なかには毒の実もある。食べてほしいのになぜわざわざ毒だったりまずかったりするのか、不思議である。でも、もしおいしかったら、鳥はその場にとどまって食べ続けるだろう。そうすれば、鳥が食べた実のタネは、その場にそのまま落とされてしまい、それではちっとも運ばれない。それでは困る。食べたら別の場所に飛んで行ってウンチしてもらわなくては意味がない。「食べてね、でも、ちょっとだけよ」美しいけれどもまずい実には、そんな植物のエゴが隠れている。私はこれを「ちょっとだけよの法則」と呼んでいる。

逆においしい実は、黄から赤、あるいは赤から黒と、色を変えて少しずつ熟す。鳥は色で熟度を判断し、少し食べて飛び去り、時間をおいてまた食べにくる。こうしてタネは少しずつ運ばれるというわけだ。

運ばれて食べ残されるナッツの戦略

クルミやドングリなどのナッツ類は、アカネズミやリス、それに鳥のカケスなどにより、冬の食料として運ばれて貯食され、その一部が食べ残されることで種子が散布される。

エゴノキのタネはヤマガラ用のナッツだ。中身はクルミに似て脂っこい。ヤマガラはタネの一部を運んで石の間などに蓄えるが、それはたいてい明るい林縁や道ばたで、エゴノキが育つには格好の環境だ。冬がすぎて食べ残されたものがそこで芽を出して育つ。

目に見えない無数の関係

林の地面の中には無数の菌類も棲んでいる。ときたま地上に現れる時にキノコとして私たちの目にとまるものの、普段は土の中や枯れ木の中、あるいは生きた木の幹や根にとりついた形で、人知れず生きている。なかでも菌根菌と呼ばれるタイプは、菌糸が樹木の根に入りこんだり取り巻いたりする形で生きていて、樹木のつくった炭水化物を分けてもらい、樹木は菌類が吸収した水や栄養塩類を分けてもらうという共生関係にある。樹木の多くは菌根菌と結び付いており、共生菌類の存在なくして森は成り立たない。

目に見えない関係は、ほかにも無数にある。そもそも、私たちに見えている自然は、そこにあるべき自然のごく一部に過ぎないのだ。樹木を中心に、さまざまな関係によって生き物たちの世界はつながり、安定した未来へと続いていく。

用語解説

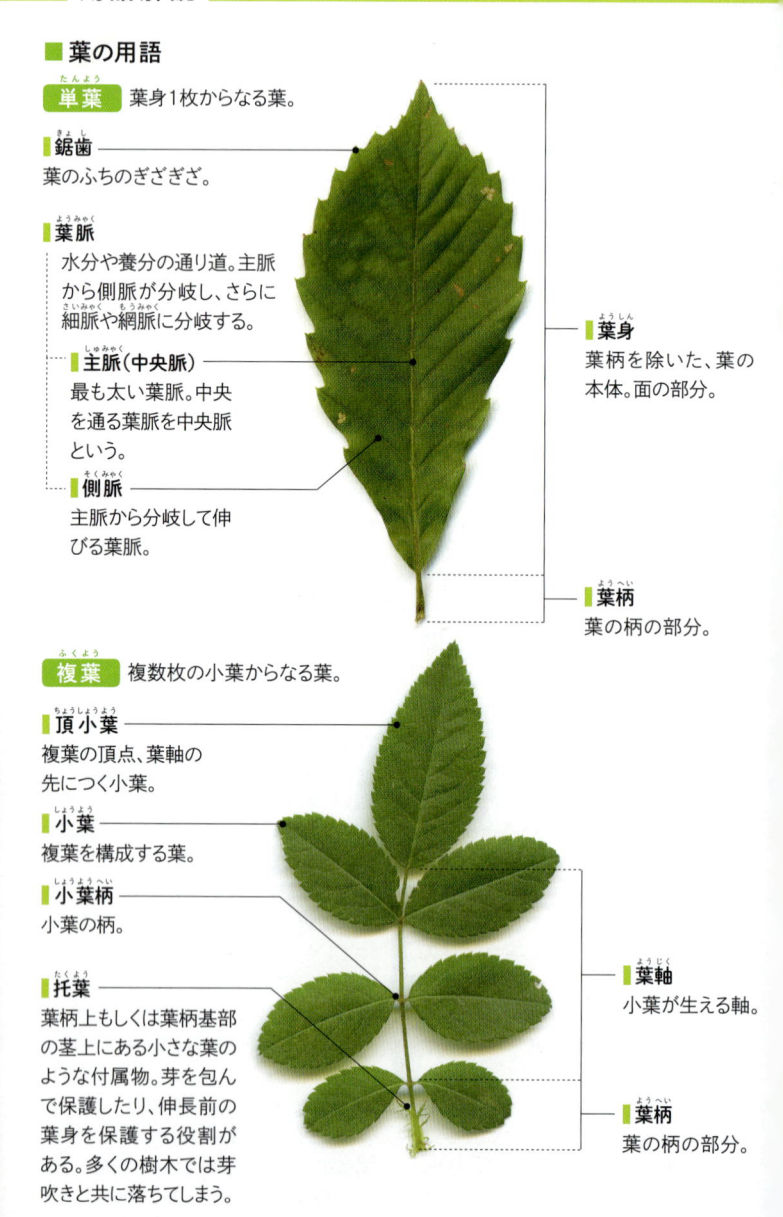

■ 葉の用語

単葉（たんよう） 葉身1枚からなる葉。

鋸歯（きょし）
葉のふちのぎざぎざ。

葉脈（ようみゃく）
水分や養分の通り道。主脈から側脈が分岐し、さらに細脈や網脈に分岐する。

主脈（中央脈）（しゅみゃく）
最も太い葉脈。中央を通る葉脈を中央脈という。

側脈（そくみゃく）
主脈から分岐して伸びる葉脈。

葉身（ようしん）
葉柄を除いた、葉の本体。面の部分。

葉柄（ようへい）
葉の柄の部分。

複葉（ふくよう） 複数枚の小葉からなる葉。

頂小葉（ちょうしょうよう）
複葉の頂点、葉軸の先につく小葉。

小葉（しょうよう）
複葉を構成する葉。

小葉柄（しょうようへい）
小葉の柄。

托葉（たくよう）
葉柄上もしくは葉柄基部の茎上にある小さな葉のような付属物。芽を包んで保護したり、伸長前の葉身を保護する役割がある。多くの樹木では芽吹きと共に落ちてしまう。

葉軸（ようじく）
小葉が生える軸。

葉柄（ようへい）
葉の柄の部分。

■**花冠** 花弁によって構成される花の器官。構成する花弁が複数枚のものを離弁花、基部でくっついているものを合弁花という。

■**がく** 花を構成する部分で、花冠より外側にある。構成するがく片は複数枚の場合と、基部でくっついている場合がある。

■**殻斗** いわゆる、どんぐり（堅果）のキャップの部分。総苞が変化したもので、スダジイやブナのように完全に堅果を覆う場合もある。

■**学名** 国際的な命名規約に基づく生物学上の生物名で世界共通。ラテン語2語で表記し、属名（共通の特徴をもつ植物群の名）と種小名（その種の特徴を形容する名）からなる。通常は斜体で表記し、論文では命名者名を付記するが、本書では省略。亜種は学名の後にsubsp.、変種はvar.、品種はf.、雑種は×をつけてそれぞれ表記し、栽培品種は' 'で囲って表記する。

■**花柱** 雌しべの長く伸びた部分。

■**花嚢** 軸が袋状になった花の形。袋の中で開花するので、花が見えない。花嚢が受粉して結実した果実を果嚢という。イチジク類でみられる。
(→184ページ)

■**果柄** 果実を支える柄。

■**花柄** 花を支える柄。複数の花を支える柄は花梗（かこう）という。

■**花弁** 花のなかで、一般的に花びらと呼ばれる部分。花冠を構成する。

■**幹生花** 幹から直接咲く花。ガジュマル、カカオなど熱帯樹によく見られる。
(→190ページ)

■**気根** 植物が空気中に伸ばす根で、植物体を支えたり、吸水や通気のためなど、種によって異なる機能をもつ。
(→293ページ)

■**共生** 異なる種類の生物同士が相互に関わりながら、同じ場所で生活すること。双方に利益がある場合は相利共生、一方だけに利益がある場合を片利共生という。

■**近縁** 分類上、近い関係にある生物のこと。

■**堅果** 果実のうち、皮が木質のもの。クリの実やどんぐりなどが代表的。

■**根粒菌** 植物の根に共生する細菌で、空気中の窒素を取り込み、アンモニアに変えることができる（窒素固定）。根粒菌は共生する植物から有機酸をもらい、アンモニアと有機酸からアミノ酸を合成する。植物は根粒菌が合成したアミノ酸をもらう。

■**砂防樹** 崩壊地や法面などの土砂災害を防止するため、土砂を固定するために植えられる樹木のこと。養分が少なくても生長がよい樹種が選ばれる。

■**三行脈** 主脈や葉身の基部から3本に分岐して伸びる太い葉脈。

■**三大庭園木** 林学博士、造園家で「公園の父」と呼ばれる本多静六によりコウヤマキ、ヒマラヤスギ、ナンヨウスギの3種が、樹形などが美しい木として選ばれている。

■**三輪生** 3枚の葉が輪のような配列で枝の1ヶ所から生えること。(→162ページ)

■**自生** 人が植えたのではなく、その地域にもともと野生状態で自然に生育していること。

■**重鋸歯** 大きな鋸歯上に小さな鋸歯が重なる状態。葉のふちのぎざぎざが強調される。

■**十字対生** 葉が対生し、節ごとに90度ずつずれて連なり、上から見ると十字形に見える葉のつき方。(→177ページ)

■**就眠運動** 葉や花が光の明暗に応じて動くこと。ネムノキやマメ科の植物が夜になると葉を閉じるのもその一つ。(→283ページ)

■**純林** 単一種の林。

■**松根油** クロマツなどから採れる油状液体。樹液や松脂とは異なる物質。戦時中に航空機の燃料として利用が試みられたが実現しなかった。

■**薪炭林** 薪や炭の材料になる樹木が生えている林。里山の雑木林。かつて樹齢15年程度の周期で伐採し、萌芽によって更新し、継続的に利用できるように管理された。

■**先駆性樹木** 崩壊地やはんらん原、整地した裸地などでいち早く生長する樹木。パイオニアツリー。根粒菌と共生し、養分が少なくても生育が良い樹種が多い。生長が速い分、寿命が短い傾向がある。

■**腺点** 蜜などの分泌物を分泌する組織。分泌物が蜜の場合は蜜腺という。

■**腺毛** 粘液などを分泌する毛状の組織。モウセンゴケなどの食虫植物では昆虫を捕らえるはたらきがある。

■**装飾花** がくや花弁が大きく発達し、生殖能力が衰えた花。花全体を大きく見せ、昆虫にアピールする効果があると考えられる。アジサイ類が代表的(→86ページ)

■**送粉** 風や昆虫を媒介として花粉を受粉させること。

■**総苞(片)** タンポポなどキク科の植物のように、花序の周りを覆っている複数の苞。これらの1片1片を総苞片という。

■**虫えい** 昆虫などが寄生した刺激で、植物体が異常に発達したり、変形してできる突起などのこと。虫こぶともいう。

■**貯食** 動物や鳥類が、食糧が乏しくなる冬期に備えるなどのため、食糧を貯める行動。

■**二色効果** 果実の周囲を、果実と異なる色彩のがくが取り囲み、あるいは、熟し始めが赤色、完熟したら黒色になるなど、個々の果実

[ゴンズイの果実]

の熟す時期がずれることで目立ち、鳥類に訴求する効果。前者はクサギやゴンズイ（→170、273ページ）の、後者はオオカメノキやミズキ（→84、188ページ）の果実にそれぞれ見られる。

日本固有種 日本だけに自生（生息）する生物種。

パイオニアツリー ⇒先駆性樹木参照。

皮目 幹や枝にある空気の出入り口。点状の模様を生じることが多く、種によっては見わけるポイントとなる。

複数羽状複葉 複葉の小葉が複葉状の場合、2回羽状複葉という。複葉状の小葉（羽片）の小葉が複葉状なら3回羽状複葉となる。

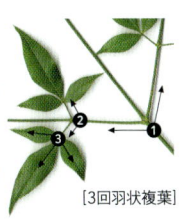

[3回羽状複葉]

萌芽更新 生命力の強い広葉樹の幹や枝を伐ると、枝が伸びてきて再生する（萌芽）。萌芽した枝が一定期間生長したところで、再び伐ることを繰り返し、樹木の再生力を活かして持続可能な利用で林を管理すること。

苞葉（苞） 花に関わって、色や形が変化した葉のこと。ハナミズキやヤマボウシのように、総苞で花を大きく見せる効果をもつ場合もある。（→172ページ）

蜜源植物 ミツバチに蜜を採らせるのに適した植物。

蜜腺 ⇒腺点

養蚕 カイコを育てて繭を生産すること。繭からとった糸を生糸という。

外来生物 人間活動によって、ある地域・環境に外部から入り込んだ生物のこと。外来生物法によって、在来生物への影響の度合いに応じて、侵略的あるいは要注意に分類される。

葉柄内芽 冬芽が葉柄の基部に包まれる形。冬芽は見えず、落葉すると現れる。

揺籃 昆虫のオトシブミの仲間が、植物の葉を加工して作る、幼虫を育てる巣のようなもの。巻かれた葉の中に卵が産みつけられ、孵化した幼虫は自らを保護する葉を食べながら成長する。ゆりかごともいう。

葉緑体 植物の細胞内にある構造体で、クロロフィル（葉緑素）などの光合成色素を含み、光合成の反応が行われている。

翼果 種子に翼がついた形の果実。風に乗って遠くまで運ばれる（風散布）。

両性花 一つの花に雄しべと雌しべが両方あり、生殖機能もある花。

緑化樹 道路整備や開発に伴って緑地を創出するために植えられる樹木。丈夫で、大気汚染に強い樹種が選ばれ、外国産の樹木が植えられることも多かったが、在来生態系への悪影響から、近年は在来の樹種が植えられることが増えた。

鱗状毛 グミ類などの葉に見られるような、うろこ状の毛。（→201ページ）

さくいん

本書に掲載している樹木の名前を50音順に並べてあります。太字は写真掲載種です。

ア
- アオキ ……………… 108
- アオギリ …………… 206
- アオダモ …………… 270
- アオハダ ……………… 77
- アカガシ …………… 139
- アカシア類 ………… 287
- アカシデ ……………… 53
- アカマツ …………… 303
- アカメガシワ ……… 208
- アキグミ …………… 201
- アキニレ ……………… 79
- アケビ ……………… 250
- アケボノスギ
  ⇒メタセコイア …… 292
- アサクラザンショウ …… 266
- アジサイ ……………… 86
- アズキナシ …………… 34
- アズサ⇒ミズメ ……… 48
- アセビ ……………… 127
- アブラチャン ……… 200
- アベマキ ……………… 25
- アベリア⇒
  ハナゾノツクバネウツギ ‥107
- アメリカガシワ …… 224
- アメリカザイフリボク …… 71
- アメリカスズカケノキ …221
- アメリカフウ
  ⇒モミジバフウ …… 222
- アメリカヤマボウシ
  ⇒ハナミズキ ……… 172
- アラカシ …………… 116
- アラゲアオダモ …… 270
- アンニンゴ
  ⇒ウワミズザクラ …… 42

イ
- イイギリ ……………… 22
- イスノキ …………… 154
- イタヤカエデ ……… 213
- イタヤメイゲツ
  ⇒コハウチワカエデ …237
- イチイ ……………… 299
- イチジク …………… 184
- イチョウ …………… 290
- イヌガヤ …………… 299
- イヌグス⇒タブノキ …… 141
- イヌザクラ …………… 43
- イヌザンショウ …… 267
- イヌシデ ……………… 53
- イヌツゲ …………… 133
- イヌビワ …………… 184
- イヌブナ …………… 196
- イヌマキ …………… 301
- イボタノキ ………… 177
- イモノキ⇒タカノツメ …247
- イロハモミジ ……… 239
- イワツツジ
  ⇒モチツツジ ……… 204
- インドボダイジュ …… 46

ウ
- ウグイスカグラ …… 178
- ウコギ⇒ヤマウコギ …247
- ウコンバナ
  ⇒ダンコウバイ …… 211
- ウツギ ……………… 104
- ウノハナ⇒ウツギ … 104
- ウバメガシ ………… 125
- ウメ …………………… 66
- ウメモドキ …………… 77
- ウラジロガシ ……… 118
- ウラジロノキ ………… 34
- ウラジロモミ ……… 297
- ウリカエデ ………… 241
- ウリノキ …………… 209
- ウリハダカエデ …… 234
- ウルシ ……………… 279
- ウワミズザクラ ……… 42

エ
- エゴノキ ……………… 74
- エドヒガン …………… 39
- エノキ ………………… 64
- エルム⇒ハルニレ …… 36
- エンジュ …………… 281

オ
- オウシュウハルニレ …… 37
- オオイタヤメイゲツ …… 237
- オオカメノキ ………… 84
- オオシマザクラ ……… 39
- オオナラ⇒ミズナラ …… 17
- オオバヤシャブシ …… 40
- オオモミジ ………… 238
- オトコマツ⇒クロマツ …302
- オトコヨウゾメ ……… 97
- オニグルミ ………… 252
- オニツツジ
  ⇒レンゲツツジ …… 194
- オニモミジ
  ⇒カジカエデ ……… 235
- オヒョウ ……………… 37
- オマツ⇒クロマツ … 302
- オンコ⇒イチイ …… 299
- オンナマツ
  ⇒アカマツ ………… 303

カ
- カイドウ
  ⇒ハナカイドウ ……… 68
- カカオノキ ………… 207
- カキ⇒カキノキ …… 187
- カキノキ …………… 187
- ガクアジサイ ………… 86
- ガクウツギ ………… 105
- カクレミノ ………… 214
- カゴノキ …………… 146
- カザンデマリ ……… 131
- カジカエデ ………… 235
- カジノキ …………… 226
- カシワ ………………… 16
- カツラ ………………… 92
- カナメモチ ………… 121
- ガマズミ ……………… 94
- カマツカ ……………… 72
- カヤ ………………… 298
- カラスザンショウ …… 256
- カラタチバナ ……… 126
- カラマツ …………… 294
- カリン ………………… 69

キ
- キシモツケ⇒シモツケ …… 82
- キヅタ ……………… 215
- キハギ ……………… 251
- キハダ ……………… 272
- キブシ ………………… 45
- キョウチクトウ …… 162
- キリ ………………… 212
- キリシマツツジ …… 161
- キンシバイ ………… 179
- キンモクセイ ……… 166
- ギンモクセイ ……… 111

ギンヨウアカシア……287	コルククヌギ	ジュウリョウ
ク	⇒ アベマキ…………25	⇒ ヤブコウジ………126
クサイチゴ…………263	ゴンズイ……………273	ジューンベリー
クサギ………………170	ゴンゼツ	⇒ アメリカザイフリボク…71
クスノキ……………142	⇒ コシアブラ………246	ジュズボダイジュ…46
クチナシ……………163	コンテリギ ⇒	シラカシ……………117
クヌギ…………………24	ガクウツギ,コガクウツギ…105	シラカバ………………51
クマイチゴ…………231	**サ**	シラキ………………186
クマシデ………………52	サイカチ……………265	シロザクラ
クマノミズキ………174	ザイフリボク…………71	⇒イヌザクラ…………43
クリ……………………26	サイモリバ	シロダモ……………140
クロガネモチ………149	⇒アカメガシワ……208	シロブナ ⇒ ブナ……197
クロブナ ⇒ イヌブナ…196	サカキ………………148	シロヤマブキ………102
クロマツ……………302	サクラ⇒ソメイヨシノ…39	シンジュ……………276
クロモジ……………198	ザクロ………………179	ジンチョウゲ………155
クワ ⇒ ヤマグワ………227	サザンカ……………123	**ス**
ケ	サツキ………………161	スイカズラ…………178
ゲッケイジュ………153	サツキツツジ	スオウ………………190
ケヤキ…………………62	⇒ サツキ……………161	スギ…………………306
ケヤマハンノキ………31	サトウカエデ………235	スズカケノキ………221
ケンポナシ……………20	サネカズラ…………144	スダジイ……………147
コ	サルスベリ…………202	スドウツゲ⇒………169
コアジサイ……………91	サワグルミ…………254	スノキ…………………80
ゴウカン ⇒ ネムノキ…283	サワフタギ……………72	スモモ…………………57
コウゾ………………228	サワラ………………309	**セ**
コウヤマキ…………300	サンゴジュ…………109	セイヨウガシワ
コガクウツギ………105	サンシュユ…………175	⇒アメリカガシワ……224
コクサギ……………191	サンショウ…………266	セイヨウキヅタ……215
コゴメウツギ………233	**シ**	セイヨウシャクナゲ…138
コゴメバナ	シイ⇒スダジイ……147	セイヨウハコヤナギ…33
⇒ユキヤナギ…………83	シオジ………………268	セイヨウボダイジュ…46
ゴサイバ	シキミ………………157	セッコク……………158
⇒アカメガシワ……208	シダレヤナギ…………58	セッコツボク
コシアブラ…………246	シデコブシ…………193	⇒ニワトコ…………269
コデマリ………………83	シナノキ………………47	センダン……………264
コトリトマラズ ⇒ メギ…205	シナレンギョウ……103	センリョウ…………110
コナラ…………………18	シバグリ ⇒ クリ……26	**ソ**
コハウチワカエデ…237	シマトネリコ………288	ソメイヨシノ…………39
コバノガマズミ………96	シモクレン…………182	ソヨゴ………………151
コバノミツバツツジ…203	シモツケ………………82	**タ**
コブシ………………183	シモツケンウ…………82	タイサンボク………134
コブニレ………………99	シャクナゲ類………138	タイワンフウ⇒フウ…222
コマユミ………………99	シャゼンキ	タカノツメ…………247
コミネカエデ………238	⇒ヒサカキ…………129	ダケカンバ……………50
コムラサキ…………101	ジャヤナギ……………58	タチバナモドキ……131
コメツガ……………297	シャラノキ	タチヤナギ……………58
ゴヨウマツ…………305	⇒ ナツツバキ…………55	タニウツギ……………89
コラノキ……………207	シャリンバイ………124	タブノキ……………141
コルクオーク…………25		タマアジサイ…………85

317

タムシバ……193	ナンジャモンジャ	ハマヒサカキ……132
タラジュ……115	⇒ヒトツバタゴ……176	ハリエンジュ
タラノキ……259	ナンテン……286	⇒ニセアカシア……280
タラヨウ……115	ナンヨウスギ……300、304	ハリギリ……219
ダンコウバイ……211	**ニ**	ハルコガネバナ
チ	ニオイコブシ	⇒サンシュユ……175
チドリノキ……90	⇒タムシバ……193	ハルニレ……36
チャ⇒チャノキ……128	ニガイチゴ……231	ハンゲショウ……45
チャノキ……128	ニガキ……262	ハンテンボク
チューリップツリー	ニシキウツギ……89	⇒ユリノキ……210
⇒ユリノキ……210	ニシキギ……99	ハンノキ……49
チョウジャノキ	ニセアカシア……280	**ヒ**
⇒メグスリノキ……244	ニッケイ……152	ヒイラギ……112
チョウセンゴヨウ……305	ニレ⇒ハルニレ……36	ヒイラギナンテン……284
チョウセンレンギョウ……103	ニワウルシ⇒シンジュ……276	ヒイラギモクセイ……112
ツ	ニワトコ……269	ヒガンザクラ
ツガ……297	**ヌ**	⇒エドヒガン……39
ツクバネウツギ……107	ヌマスギ	ヒガンバナ……157
ツゲ……169	⇒ラクウショウ……293	ヒサカキ……129
ツタ……229	ヌルデ……258	ヒトツバタゴ……176
ツタウルシ……249	**ネ**	ビナンカズラ
ツノハシバミ……32	ネコヤナギ……59	⇒サネカズラ……144
ツバキ⇒ヤブツバキ……122	ネジキ……195	ヒノキ……308
ツブラジイ……147	ネズミモチ……165	ヒマラヤシーダー
ツリバナ……99	ネムノキ……283	⇒ヒマラヤスギ……304
ツルウメモドキ……56	**ノ**	ヒマラヤスギ……304
ツルグミ……159	ノイバラ……267	ヒメコウゾ……228
テ	ノバラ⇒ノイバラ……267	ヒメシャラ……73
テイカカズラ……168	ノブドウ……229	ヒメツゲ……169
ト	ノリウツギ……87	ヒメヤシャブシ……41
ドイツトウヒ……297	**ハ**	ヒメユズリハ……136
トウカエデ……241	バイカウツギ……106	ヒャクジツコウ
トウゴクミツバツツジ……203	ハイビスカス……225、232	⇒サルスベリ……202
ドウダンツツジ……81	ハウチワカエデ……236	ヒュウガミズキ……30
トウネズミモチ……164	ハクウンボク……21	ビヨウヤナギ……177
トキワサンザシ……130	パクチノキ……28	ピラカンサ類……130
トサミズキ……30	ハクモクレン……182	ヒラドツツジ……160
トチノキ……242	ハクレン	ビワ……114
トベラ……156	⇒ハクモクレン……182	ピンオーク
ナ	ハコネウツギ……88	⇒アメリカガシワ……224
ナガバモミジイチゴ……230	ハゼノキ……278	**フ**
ナギ……167	ハナイカダ……54	フウ……222
ナツグミ……201	ハナカイドウ……68	フクジュソウ……29
ナツツバキ……55	ハナズオウ……190	フサアカシア……287
ナツハゼ……76	ハナゾノツクバネウツギ……107	フサザクラ……35
ナツメ……78	ハナツクバネウツギ⇒	フジ……282
ナナカマド……260	ハナゾノツクバネウツギ……107	フシノキ⇒ヌルデ……258
ナワシログミ……159	ハナノキ……240	ブナ……197
ナンキンハゼ……192	ハナミズキ……172	フユイチゴ……217

フユヅタ⇒キヅタ …… 215
フヨウ …… 225
プラタナス類 …… 220
ブルーベリー …… 80

ヘ
ベニカナメ
⇒カナメモチ類 …… 121
ベニバナトチノキ …… 242

ホ
ホオノキ …… 180
ボケ …… 70
ホソエカエデ …… 234
ボダイジュ …… 46
ボックスウッド …… 169
ポプラ
⇒セイヨウハコヤナギ …… 33
ホルトノキ …… 120
ホンガヤ⇒カヤ …… 298
ホンサカキ⇒サカキ …… 148
ホンシャクナゲ …… 138
ホンツゲ⇒ツゲ …… 169
ホンマキ
⇒コウヤマキ …… 300

マ
マキ⇒イヌマキ …… 301
マグワ …… 227
マクワウリ …… 234
マサキ …… 113
マタタビ …… 44
マテバシイ …… 137
マメツゲ …… 133
マユミ …… 98
マルバアオダモ …… 271
マルバウツギ …… 106
マルバサツキ …… 161
マルバシャリンバイ …… 124
マルバハギ …… 251
マルバヤナギ …… 59
マンサク …… 29
マンリョウ …… 119

ミ
ミズキ …… 188
ミズナラ …… 17
ミズメ …… 48
ミズメザクラ …… 48
ミツデカエデ …… 245
ミツバアケビ …… 248
ミツバウツギ …… 245
ミツバツツジ …… 203

ミツマタ …… 185
ミネカエデ …… 238
ミモザ
⇒フサアカシア …… 287
ミヤマキリシマ …… 161

ム
ムク⇒ムクノキ …… 60
ムクゲ …… 232
ムクノキ …… 60
ムクロジ …… 274
ムシカリ⇒オオカメノキ …… 84
ムラサキシキブ …… 100
ムラダチ
⇒アブラチャン …… 200

メ
メイゲツカエデ
⇒ハウチワカエデ …… 236
メギ …… 205
メグスリノキ …… 244
メタセコイア …… 292
メダラ …… 259
メマツ⇒アカマツ …… 303

モ
モガシ⇒ホルトノキ …… 120
モクレン⇒シモクレン …… 182
モチガシワ⇒カシワ …… 16
モチツツジ …… 204
モチノキ …… 150
モッコク …… 158
モミ …… 296
モミジイチゴ …… 230
モミジバスズカケノキ …… 220
モミジバフウ …… 222
モモ …… 57

ヤ
ヤエヤマブキ …… 67
ヤシャブシ …… 41
ヤチダモ …… 268
ヤツデ …… 216
ヤブコウジ …… 126
ヤブツバキ …… 122
ヤブデマリ …… 95
ヤブニッケイ …… 152
ヤブムラサキ …… 101
ヤマアジサイ …… 87
ヤマウコギ …… 247
ヤマウルシ …… 279
ヤマグリ⇒クリ …… 26
ヤマグワ …… 227

ヤマコウバシ …… 199
ヤマコショウ
⇒ヤマコウバシ …… 199
ヤマザクラ …… 38
ヤマツツジ …… 205
ヤマハゼ …… 278
ヤマハンノキ …… 31
ヤマブキ …… 67
ヤマフジ …… 282
ヤマブドウ …… 218
ヤマボウシ …… 173
ヤマモミジ …… 238
ヤマモモ …… 145

ユ
ユキグニミツバツツジ …… 203
ユキヤナギ …… 83
ユズ …… 153
ユズリハ …… 136
ユリノキ …… 210

ヨ
ヨグソミネバリ⇒ミズメ …… 48
ヨシノザクラ
⇒ソメイヨシノ …… 39

ラ
ラクウショウ …… 293
ラクヨウショウ
⇒カラマツ …… 294

リ
リョウブ …… 28

レ
レッドロビン …… 121
レバノンシーダー
⇒レバノンスギ …… 304
レバノンスギ …… 304
レンゲツツジ …… 194

ロ
ロウノキ⇒ハゼノキ …… 278
ロウバイ …… 171
ローレル
⇒ゲッケイジュ …… 153

監修者：林将之（はやしまさゆき）

1976年、山口県熊毛郡田布施町生まれ。樹木図鑑作家、編集デザイナー。
千葉大学園芸学部卒業。木の種類を葉で調べる方法を独学しながら、葉をスキャナで直接取り込む撮影法を確立。日本各地の森で数万点の葉を収集・スキャンし、図鑑を制作。木や自然について、初心者にもわかりやすく伝えることをテーマに、執筆活動、樹木調査、自然観察会などに携わる。樹木鑑定webサイト「このきなんのき」運営。『葉で見わける樹木 増補改訂版』（小学館）、『樹皮ハンドブック』『紅葉ハンドブック』（文一総合出版）、『山溪ハンディ図鑑14 樹木の葉』（山と溪谷社）など著書多数。

編著者：ネイチャー・プロ編集室

生物・自然科学専門の企画・編集集団。専門性を活かし、自然科学分野を中心に数多くの図鑑・写真集・写真絵本・児童書・一般書籍などの企画・編集・制作を手がける。
http://www.nature-and-science.com/

装丁・デザイン	西田美千子
写　　　真	林将之
イ ラ ス ト	柴垣茂之　尾川直子
構 成 ・ 文	三谷英生・髙野丈（ネイチャー・プロ編集室）
編 集 担 当	木村結（ナツメ出版企画株式会社）
写 真 提 供	髙野丈　木村雅文　さとうあき
撮 影 協 力	岩animales豊美　大崎頼子　佐藤暁
	山下智子　山本毬絵

ナツメ社Webサイト
http://www.natsume.co.jp
書籍の最新情報（正誤情報を含む）はナツメ社Webサイトをご覧ください。

参考文献
「葉で見わける樹木」（小学館）、山溪ハンディ図鑑3～5「樹に咲く花」（山と溪谷社）、「四国の樹木観察図鑑」（愛媛新聞社）、「樹木 見分けのポイント図鑑」（講談社）、「樹皮ハンドブック」「どんぐりハンドブック」（文一総合出版）、「日本維管束植物目録」「維管束植物分類表」（北隆館）、「絵でわかる植物の世界」（講談社）、「植物用語辞典」（八坂書房）、「広辞苑」（岩波書店）、「新用字用語辞典」（NHK出版）

葉っぱで見わけ 五感で楽しむ樹木図鑑

2014年　4月　3日　初版発行
2017年11月10日　第10刷発行

監修者	林将之	Hayashi Masayuki, 2014
編著者	ネイチャー・プロ編集室	©Nature Editors, 2014
発行者	田村正隆	

発行所	株式会社ナツメ社
	東京都千代田区神田神保町1-52　ナツメ社ビル1F（〒101-0051）
	電話 03-3291-1257（代表）　FAX 03-3291-5761
	振替 00130-1-58661
制　作	ナツメ出版企画株式会社
	東京都千代田区神田神保町1-52　ナツメ社ビル3F（〒101-0051）
	電話 03-3295-3921（代表）
印刷所	図書印刷株式会社

ISBN978-4-8163-5590-5　　　　　　　　　　　　　　　　Printed in Japan

<定価はカバーに表示してあります>
<乱丁・落丁本はお取り替えします>
本書の一部または全部を著作権法で定められている範囲を超え、ナツメ出版企画株式会社に無断で複写、複製、転載、データファイル化することを禁じます。

樹木観察ノート

FIELD NOTE OF TREE WATCHING

ナツメ社

記入例

●観察日時	2014 年 4 月 24 日(木)
●天候 快晴 ●気温 22 ℃ ●風 無風	
●観察場所	井の頭公園～玉川上水

環境: 街 ・(公園)・ 社寺 ・ 植物園 ・ 河原 ・ 低山
その他 (   )

●観察した樹木

種名	備考	種名	備考
ムクノキ	芽吹	ミズキ	
コナラ	花	ハナミズキ	
ウメ		ヤマボウシ	
ロウバイ		コブシ	新緑
ソメイヨシノ		トチノキ	花
ツバキ	花	ヤマブキ	花
イヌシデ	花		
アカシデ			
エノキ			
カツラ			

●樹木以外の観察

花 ヤマブキソウ、クサノオウ カタクリ、ヒトリシズカ、 ショカツサイ	昆虫 ツマキチョウ、 アゲハチョウ
鳥 キビタキ、オオルリ、 センダイムシクイ、 エゾムシクイ	動物 ハクビシン、タヌキ
その他	

● わからなかった樹木

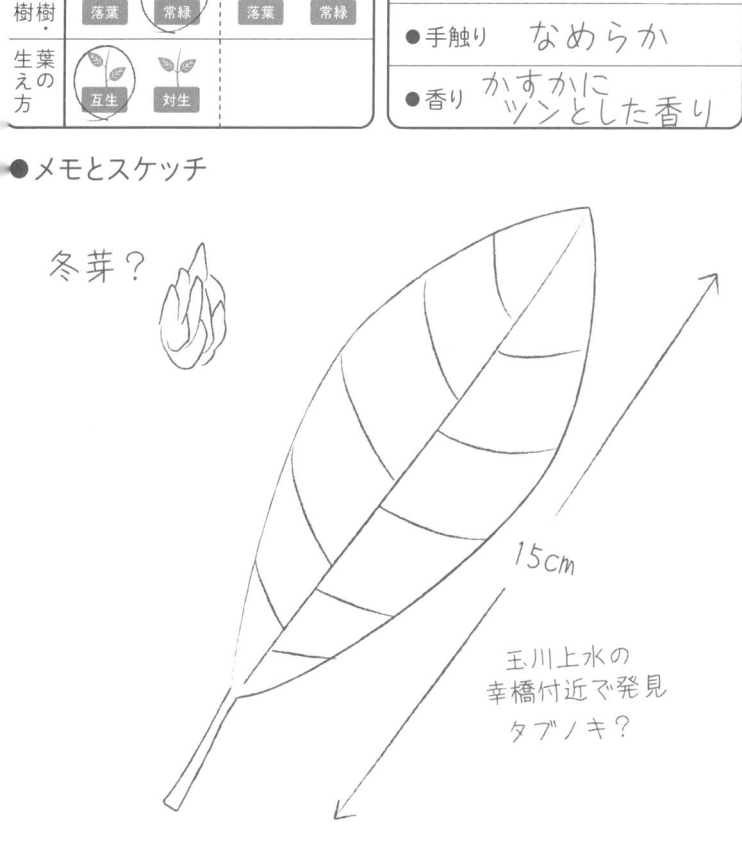

	広葉樹		針葉樹	
葉の形	(不分裂)	分裂	針状(束)	針状(羽)
	掌状	羽状	鱗状	
ふちの形	鋸歯	(全縁)		
常緑樹・落葉樹	落葉	(常緑)	落葉	常緑
葉の生え方	互生	対生		

● 樹高	高木・小高木・(低木)
● 胸高直径	約10 cm
● 葉の長さ	15 cm
● 樹皮	白っぽい、裂けない
● 花	なし
● 果実	なし
● 手触り	なめらか
● 香り	かすかにツンとした香り

● メモとスケッチ

冬芽?

15cm

玉川上水の幸橋付近で発見
タブノキ?

●観察日時	年　　　月　　　日（　　　）
●天候　　　　●気温　　　　℃　●風	

●観察場所

環境： 街 ・ 公園 ・ 社寺 ・ 植物園 ・ 河原 ・ 低山
　　　 その他（　　　　　　　　　　　　　　　　）

●観察した樹木

種　名	備　考	種　名	備　考

●樹木以外の観察

花	昆虫
鳥	動物

その他

● わからなかった樹木

	広葉樹		針葉樹	
葉の形	不分裂	分裂	針状(束)	針状(羽)
	掌状	羽状	鱗状	
ふちの形	鋸歯	全縁		
落葉樹・常緑樹	落葉	常緑	落葉	常緑
葉の生え方	互生	対生		

● 樹高　　高木・小高木・低木
● 胸高直径　　　　　　　cm
● 葉の長さ　　　　　　　cm
● 樹皮
● 花
● 果実
● 手触り
● 香り

● メモとスケッチ

●観察日時　　　　年　　　月　　　日（　　）

●天候　　　　●気温　　　℃　●風

●観察場所

環境：　街 ・ 公園 ・ 社寺 ・ 植物園 ・ 河原 ・ 低山
　　　その他（　　　　　　　　　　　　　　　）

●観察した樹木

種名	備考	種名	備考

●樹木以外の観察

花	昆虫
鳥	動物
その他	

● わからなかった樹木

	広葉樹		針葉樹	
葉の形	不分裂	分裂	針状(束)	針状(羽)
	掌状	羽状	鱗状	
ふちの形	鋸歯	全縁		
落葉樹・常緑樹	落葉	常緑	落葉	常緑
葉の生え方	互生	対生		

●樹高	高木 ・ 小高木 ・ 低木
●胸高直径	cm
●葉の長さ	cm
●樹皮	
●花	
●果実	
●手触り	
●香り	

●メモとスケッチ

●観察日時		年	月	日（	）
●天候	●気温		°C	●風	

●観察場所

環境：　街　・　公園　・　社寺　・　植物園　・　河原　・　低山
　　　　その他（　　　　　　　　　　　　　　　　　　）

●観察した樹木

種名	備考	種名	備考

●樹木以外の観察

花	昆虫
鳥	動物
その他	

● わからなかった樹木

	広葉樹		針葉樹	
葉の形	不分裂	分裂	針状(束)	針状(羽)
	掌状	羽状	鱗状	
ふちの形	鋸歯	全縁		
常緑樹・落葉樹	落葉	常緑	落葉	常緑
葉の生え方	互生	対生		

● 樹高　　高木・小高木・低木
● 胸高直径　　　　　　　cm
● 葉の長さ　　　　　　　cm
● 樹皮
● 花
● 果実
● 手触り
● 香り

● メモとスケッチ

| ●観察日時 | 年 | 月 | 日（ | ） |

●天候　　　　　●気温　　　　°C　●風

●観察場所

環境：　街 ・ 公園 ・ 社寺 ・ 植物園 ・ 河原 ・ 低山
　　　その他（　　　　　　　　　　　　　　　　　）

●観察した樹木

種名	備考	種名	備考

●樹木以外の観察

花	昆虫
鳥	動物
その他	

● わからなかった樹木

	広葉樹		針葉樹	
葉の形	不分裂	分裂	針状(束)	針状(羽)
	掌状	羽状	鱗状	
ふちの形	鋸歯	全縁		
落葉樹・常緑樹	落葉	常緑	落葉	常緑
葉の生え方	互生	対生		

● 樹高	高木 ・ 小高木 ・ 低木
● 胸高直径	cm
● 葉の長さ	cm
● 樹皮	
● 花	
● 果実	
● 手触り	
● 香り	

● メモとスケッチ

●観察日時	年	月	日（　）
●天候	●気温　　　°C	●風	

●観察場所

環境：　街　・　公園　・　社寺　・　植物園　・　河原　・　低山
　　　　その他（　　　　　　　　　　　　　　　）

●観察した樹木

種名	備考	種名	備考

●樹木以外の観察

花	昆虫
鳥	動物
その他	

● わからなかった樹木

	広葉樹		針葉樹	
葉の形	不分裂	分裂	針状(束)	針状(羽)
	掌状	羽状	鱗状	
ふちの形	鋸歯	全縁		
落葉樹・常緑樹	落葉	常緑	落葉	常緑
葉の生え方	互生	対生		

● 樹高	高木 ・ 小高木 ・ 低木
● 胸高直径	cm
● 葉の長さ	cm
● 樹皮	
● 花	
● 果実	
● 手触り	
● 香り	

● メモとスケッチ

●観察日時	年　　　　月　　　　日（　　　）

●天候	●気温　　　　℃　●風

●観察場所

環境：　街 ・ 公園 ・ 社寺 ・ 植物園 ・ 河原 ・ 低山
　　　その他（　　　　　　　　　　　　　　　　）

●観察した樹木

種名	備考	種名	備考

●樹木以外の観察

花	昆虫
鳥	動物
その他	

● わからなかった樹木

	広葉樹		針葉樹	
葉の形	不分裂	分裂	針状(束)	針状(羽)
	掌状	羽状	鱗状	
ふちの形	鋸歯	全縁		
落葉樹・常緑樹	落葉	常緑	落葉	常緑
葉の生え方	互生	対生		

● 樹高	高木 ・ 小高木 ・ 低木
● 胸高直径	cm
● 葉の長さ	cm
● 樹皮	
● 花	
● 果実	
● 手触り	
● 香り	

● メモとスケッチ

●観察日時		年	月	日（ ）
●天候	●気温		℃	●風

●観察場所

環境： 街 ・ 公園 ・ 社寺 ・ 植物園 ・ 河原 ・ 低山
　　　その他（　　　　　　　　　　　　　　　）

●観察した樹木

種名	備考	種名	備考

●樹木以外の観察

花	昆虫
鳥	動物
その他	

● わからなかった樹木

	広葉樹		針葉樹	
葉の形	不分裂 掌状	分裂 羽状	針状(束) 鱗状	針状(羽)
ふちの形	鋸歯	全縁		
常緑樹・落葉樹	落葉	常緑	落葉	常緑
葉の生え方	互生	対生		

● 樹高	高木・小高木・低木
● 胸高直径	cm
● 葉の長さ	cm
● 樹皮	
● 花	
● 果実	
● 手触り	
● 香り	

● メモとスケッチ

●観察日時	年	月	日（　　）
●天候　　　　●気温　　　　℃　●風			
●観察場所			
環境：　街　・　公園　・　社寺　・　植物園　・　河原　・　低山 　　　　その他（　　　　　　　　　　　）			

●観察した樹木

種名	備考	種名	備考

●樹木以外の観察

花	昆虫
鳥	動物
その他	

● わからなかった樹木

	広葉樹		針葉樹	
葉の形	不分裂 / 掌状	分裂 / 羽状	針状(束) / 鱗状	針状(羽)
ふちの形	鋸歯	全縁		
落葉樹・常緑樹	落葉	常緑	落葉	常緑
葉の生え方	互生	対生		

● 樹高	高木 ・ 小高木 ・ 低木
● 胸高直径	cm
● 葉の長さ	cm
● 樹皮	
● 花	
● 果実	
● 手触り	
● 香り	

● メモとスケッチ

●観察日時	年	月	日（　　）
●天候	●気温　　℃	●風	

●観察場所

環境：　街　・　公園　・　社寺　・　植物園　・　河原　・　低山
　　　　その他（　　　　　　　　　　　　　　　）

●観察した樹木

種名	備考	種名	備考

●樹木以外の観察

花	昆虫
鳥	動物
その他	

● わからなかった樹木

	広葉樹		針葉樹	
葉の形	不分裂	分裂	針状(束)	針状(羽)
	掌状	羽状	鱗状	
ふちの形	鋸歯	全縁		
落葉樹・常緑樹	落葉	常緑	落葉	常緑
葉の生え方	互生	対生		

●樹高	高木 ・ 小高木 ・ 低木
●胸高直径	cm
●葉の長さ	cm
●樹皮	
●花	
●果実	
●手触り	
●香り	

● メモとスケッチ

●観察日時	年	月	日（　）

●天候　　　　　●気温　　　℃　●風

●観察場所

環境：　街　・　公園　・　社寺　・　植物園　・　河原　・　低山
　　　　その他（　　　　　　　　　　　　　　　　　　）

●観察した樹木

種　名	備　考	種　名	備　考

●樹木以外の観察

花	昆虫
鳥	動物
その他	

●わからなかった樹木

	広葉樹		針葉樹	
葉の形	不分裂	分裂	針状(束)	針状(羽)
	掌状	羽状	鱗状	
ふちの形	鋸歯	全縁		
落葉樹・常緑樹	落葉	常緑	落葉	常緑
葉の生え方	互生	対生		

●樹高	高木・小高木・低木
●胸高直径	cm
●葉の長さ	cm
●樹皮	
●花	
●果実	
●手触り	
●香り	

●メモとスケッチ

●観察日時	年	月	日（　　）

● 天候　　　　　●気温　　　　℃　●風

●観察場所

環境：　街 ・ 公園 ・ 社寺 ・ 植物園 ・ 河原 ・ 低山
　　　その他（　　　　　　　　　　　　　　　　）

●観察した樹木

種名	備考	種名	備考

●樹木以外の観察

花	昆虫
鳥	動物
その他	

●わからなかった樹木

	広葉樹		針葉樹	
葉の形	不分裂	分裂	針状(束)	針状(羽)
	掌状	羽状	鱗状	
ふちの形	鋸歯	全縁		
常緑樹・落葉樹	落葉	常緑	落葉	常緑
葉の生え方	互生	対生		

●樹高	高木 ・ 小高木 ・ 低木
●胸高直径	cm
●葉の長さ	cm
●樹皮	
●花	
●果実	
●手触り	
●香り	

● メモとスケッチ

| ●観察日時 | | 年 | 月 | 日（ | ） |

●天候　　　　　●気温　　　　℃　●風

●観察場所

環境：　街 ・ 公園 ・ 社寺 ・ 植物園 ・ 河原 ・ 低山
　　　その他（　　　　　　　　　　　　　　　　）

●観察した樹木

種名	備考	種名	備考

●樹木以外の観察

花	昆虫
鳥	動物
その他	

● わからなかった樹木

	広葉樹		針葉樹	
葉の形	不分裂	分裂	針状(束)	針状(羽)
	掌状	羽状	鱗状	
ふちの形	鋸歯	全縁		
落葉樹・常緑樹	落葉	常緑	落葉	常緑
葉の生え方	互生	対生		

● 樹高　　高木・小高木・低木
● 胸高直径　　　　　　cm
● 葉の長さ　　　　　　cm
● 樹皮
● 花
● 果実
● 手触り
● 香り

● メモとスケッチ

●観察日時	年　　　　月　　　　日（　　　）
●天候	●気温　　　　℃　●風

●観察場所

環境：　街 ・ 公園 ・ 社寺 ・ 植物園 ・ 河原 ・ 低山
　　　　その他（　　　　　　　　　　　　　　　　）

●観察した樹木

種名	備考	種名	備考

●樹木以外の観察

花	昆虫
鳥	動物

その他

● わからなかった樹木

	広葉樹		針葉樹	
葉の形	不分裂	分裂	針状(束)	針状(羽)
	掌状	羽状	鱗状	
ふちの形	鋸歯	全縁		
常緑樹・落葉樹	落葉	常緑	落葉	常緑
葉の生え方	互生	対生		

● 樹高	高木・小高木・低木
● 胸高直径	cm
● 葉の長さ	cm
● 樹皮	
● 花	
● 果実	
● 手触り	
● 香り	

● メモとスケッチ

● 観察日時　　　　年　　　月　　　日（　　　）

● 天候　　　　　● 気温　　　　°C　● 風

● 観察場所

環境：　街　・　公園　・　社寺　・　植物園　・　河原　・　低山
　　　　その他（　　　　　　　　　　　　　　　　　）

● 観察した樹木

種名	備考	種名	備考

● 樹木以外の観察

花	昆虫
鳥	動物
その他	

● わからなかった樹木

	広葉樹		針葉樹	
葉の形	不分裂	分裂	針状(束)	針状(羽)
	掌状	羽状	鱗状	
ふちの形	鋸歯	全縁		
常緑樹・落葉樹	落葉	常緑	落葉	常緑
葉の生え方	互生	対生		

● 樹高	高木 ・ 小高木 ・ 低木
● 胸高直径	cm
● 葉の長さ	cm
● 樹皮	
● 花	
● 果実	
● 手触り	
● 香り	

● メモとスケッチ

葉っぱで見わけ 五感で楽しむ 樹木図鑑 別冊付録